彩页 1

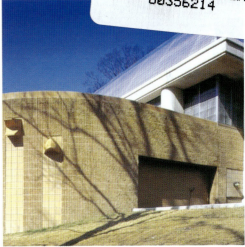

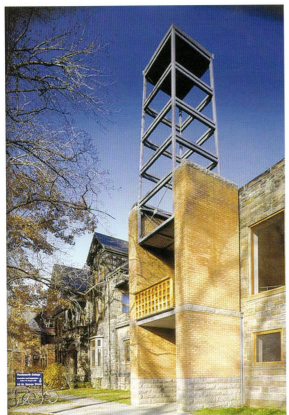
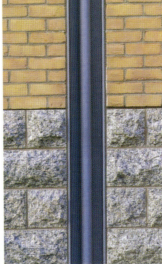

彩页2　建筑室内墙面的装饰实例

彩页3　建筑室内外地面的装饰实例

彩页3　建筑室内外地面的装饰实例

彩页 4　建筑室内外顶棚的装饰实例

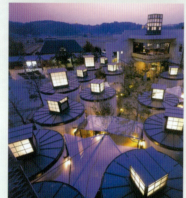

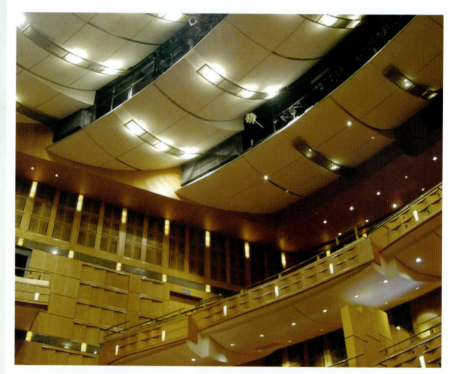

彩页5　建筑室内外门窗的装饰实例

彩页6　建筑室内外楼梯的装饰实例

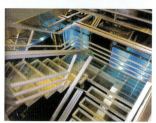

彩页7　建筑室内外幕墙装饰实例

彩页8　建筑室外雨篷的装饰实例

室内设计与建筑装饰专业教学丛书暨高级培训教材

建筑装饰构造

（第二版）

同济大学　韩建新　刘广洁　编著

中国建筑工业出版社

图书在版编目(CIP)数据

建筑装饰构造/韩建新,刘广洁编著.—2版.—北京:中国建筑工业出版社,2004 (2024.8重印)
(室内设计与建筑装饰专业教学丛书暨高级培训教材)
ISBN 978-7-112-06144-0

Ⅰ.建… Ⅱ.①韩…②刘… Ⅲ.工程装修 Ⅳ.TU767

中国版本图书馆 CIP 数据核字(2004)第 022858 号

责任编辑:杨 虹
责任设计:孙 梅
责任校对:张 虹

室内设计与建筑装饰专业教学丛书暨高级培训教材

建 筑 装 饰 构 造
(第 二 版)

同济大学 韩建新 刘广洁 编著

*

中国建筑工业出版社出版、发行(北京西郊百万庄)
各地新华书店、建筑书店经销
北京千辰公司制版
北京云浩印刷有限责任公司印刷

*

开本:880×1230毫米 1/16 印张:8¾ 插页:4 字数:300千字
2004年8月第二版 2024年8月第四十次印刷
定价:32.00元(含光盘)
ISBN 978-7-112-06144-0
(12157)

版权所有 翻印必究
如有印装质量问题,可寄本社退换
(邮政编码100037)

室内设计与建筑装饰专业教学丛书暨高级培训教材编委会成员名单

主任委员：

  同济大学 来增祥教授 博导

副主任委员：

  重庆大学 万钟英教授

委员（按姓氏笔画排序）：

  同 济 大 学 庄 荣教授

  同 济 大 学 刘盛璜教授

  华中科技大学 向才旺教授

  华南理工大学 吴硕贤教授

  重 庆 大 学 陆震纬教授

  清华大学美术学院 郑曙旸教授 博导

  浙 江 大 学 屠兰芬教授

  哈尔滨工业大学 常怀生教授

  重 庆 大 学 符宗荣教授

  同 济 大 学 韩建新高级建筑师

第二版编者的话

自从1996年10月开始出版本套"室内设计与建筑装饰专业教学丛书暨高级培训教材"以来,由于社会对迅速发展的室内设计和建筑装饰事业的需要,丛书各册都先后多次甚至十余次的重印,说明丛书的出版能够符合院校师生、专业人员和广大读者学习、参考所用。

丛书出版后的近些年来,我国室内设计和建筑装饰从实践到理论又都有了新的发展,国外也有不少可供借鉴的实践经验和设计理念。以环境为源、关注生命的安全与健康、重视环境与生态、人—环境—社会的和谐,在设计和装饰中对科学性和物质技术因素、艺术性和文化内涵以及创新实践等诸多问题的探讨研究,也都有了很大的进步。

为此,编委会同中国建筑工业出版社研究,决定将丛书第一版中的9册重新修订,在原有内容的基础上对设计理论、相关规范、所举实例等方面都作了新的补充和修改,并新出版了《建筑室内装饰艺术》与《室内设计计算机的应用》两册,以期更能适应专业新形势的需要。

尽管我们进行了认真的讨论和修改,书中难免还有不足之处,真诚希望各位专家学者和广大读者继续给予批评指正,我们一定本着"精益求精"的精神,在今后的第三版、第四版……中不断修订与完善。

第一版编者的话

面向即将来临的 21 世纪，我国将迎来一个经济、信息、科技、文化都高度发展的兴旺时期，社会的物质和精神生活也都会提到一个新的高度，相应地人们对自身所处的生活、生产活动环境的质量，也必将在安全、健康、舒适、美观等方面提出更高的要求。因此，设计创造一个既具科学性，又有艺术性；既能满足功能要求，又有文化内涵，以人为本，亦情亦理的现代室内环境，将是我们室内设计师的任务。

这套可供高等院校室内设计和建筑装饰专业教学及高级技术人才培训用的系列丛书首批出版 8 本：《室内设计原理》（上册为基本原理，下册为基本类型）、《室内设计表现图技法》、《人体工程学与室内设计》、《室内环境与设备》、《家具与陈设》、《室内绿化与内庭》、《建筑装饰构造》等；尚有《室内设计发展史》、《建筑室内装饰艺术》、《环境心理学与室内设计》、《室内设计计算机的应用》、《建筑装饰材料》等将于后期陆续出版。

系列丛书由我国高等院校中具有丰富教学经验，长期进行工程实践，具有深厚专业理论修养的作者编写，内容力求科学、系统，重视基础知识和基本理论的阐述，还介绍了许多优秀的实例，理论联系实际，并反映和汲取国内外近年来学科发展的新的观念和成就。希望这套系列丛书的出版，能适应我国室内设计与建筑装饰事业深入发展的需要，并能对系统学习室内设计这一新兴学科的院校学生、专业人员和广大读者有所裨益。

本套丛书的出版，还得到了清华大学王炜钰教授、北京市建筑设计研究院刘振宏高级建筑师、中央工艺美术学院罗无逸教授的热情支持，谨此一并致谢。

由于室内设计社会实践的飞速发展，学科理论不断深化，加以编写时间紧迫，书中肯定会存在不少不足和差错之处，真诚希望有关专家学者和广大读者给予批评指正，我们将于今后的版本中不断修改和完善。

编委会
1996 年 7 月

前　言

优秀的建筑给城市增辉，精湛的装饰给建筑添彩。随着我国的国民经济快速发展，各类新建筑大量涌现，许多旧建筑不断翻新，一些古建筑要求复原；尤其随着人们生活条件的迅速改善，大家以前所未有的热情来装扮自己的蜗居。时代的需要使得建筑室内设计专业成为一门广受重视的专门学科。《建筑装饰构造》是室内设计专业的重要学习内容，已经成为一门必修的技术课程。要完成一个完美的装饰工程，首先要有好的装饰设计，然后要挑选合适的装饰材料，还要有合理的构造方式和合适的施工技术来配合，才能获得满意的效果。

目前，大多建筑院校都开设室内设计专业课程，甚至许多美术学院、建材学院和工学院根据自己的特点，也开设了这门课程，并且经过多年的教学实践，相继出版了一些《建筑装饰构造》方面的教材。各校对建筑装饰构造的教学安排和内容也有了共识。从教材内容看，尽管各校的课程重点不一样：建筑院校重装修技术、美术院校重装饰理念、建材学院重材料选用。但总的还是放在"建筑装饰构造"这个主题上。因此，本书在编写过程中，考虑到主要给建筑院校的学生使用，再加上总课时较少，所以内容还是以装饰形式和构造原理为主，施工工艺和材料性能为辅。为了帮助学生更好地理解，书中配有相当数量的插图和照片。

本教材第一版是编者根据1996年以前上课的讲义和笔记编写的，涉及的许多建筑装饰理念已经过时，装饰构造也已经脱离了层出不穷的新材料和新工艺，因此，我的硕士研究生刘广洁同学很有兴趣地对该教材进行了重编，她在攻读硕士研究生之前也在高校从事教学工作，给学生上过同类的课程，这次结合硕士论文重编这本教材，她参考了不少资料，调查了一些装饰实例，删减了原先旧版本中的一些内容，也保留了一些章节，而且对版面进行了更新，终于在2003学年开学前完成书稿。

在本书的修订过程中，收集资料和绘制插图的各项工作得到孟晓军、魏禧、张瑞利、张洪波、王祖旭、张红卫等同志的大力协助，在此特向他们表示衷心的感谢。

由于时间紧迫、经验不足，书中肯定有许多错误的地方，恳请指正。

目　　录

第一章　概　　论 ················ 1
　一、本课程的内容 ················ 1
　二、本课程的目的与要求 ··········· 1
　三、建筑装修的范围 ··············· 1
　四、建筑装修的材料 ··············· 1
　五、建筑装修的内容 ··············· 3
　六、建筑装饰材料的连接与固定 ····· 3
　七、建筑装修施工机械 ············· 4

第二章　墙面装饰 ················ 7
第一节　抹灰类饰面 ·············· 8
　一、一般抹灰的构造层次及厚度控制 ·· 8
　二、装饰抹灰 ···················· 9
　三、抹灰面层的质量保证 ·········· 9
第二节　涂料类饰面 ············· 12
　一、涂料的发展 ················· 12
　二、涂料的组成 ················· 13
　三、建筑涂料的选择原则与方法 ···· 13
　四、建筑涂料的施工 ············· 13
　五、建筑涂料的饰面效果 ········· 15
第三节　贴面类饰面 ············· 15
　一、陶瓷的基本知识 ············· 15
　二、陶瓷贴面材料及构造做法 ····· 15
第四节　板材类饰面 ············· 19
　一、板材的种类 ················· 20
　二、天然石材安装的基本构造 ····· 21
　三、石材饰面的细部构造 ········· 25
第五节　罩面板饰面 ············· 27
　一、罩面板的功能与类型 ········· 27
　二、罩面板的构造 ··············· 27
第六节　裱糊类饰面 ············· 32
　一、裱糊类饰面的种类及特点 ····· 32
　二、裱糊类饰面的构造施工 ······· 33
第七节　清水墙饰面 ············· 35
　一、清水砖墙 ··················· 35
　二、清水混凝土 ················· 37

第三章　楼地面装饰 ············· 39
第一节　概　　述 ··············· 39
　一、室内地面装修的功能和要求 ···· 39
　二、室内地面的种类 ············· 39
　三、地面装饰的基本构造 ········· 40
　四、踢脚的构造 ················· 41
第二节　整体式楼地面 ··········· 43
　一、砂浆楼地面 ················· 43
　二、混凝土地面 ················· 44
　三、现制水磨石地面 ············· 44
　四、涂布楼地面 ················· 45
第三节　块材式楼地面 ··········· 45
　一、陶瓷地砖 ··················· 45
　二、石材的铺设 ················· 46
第四节　木质楼地面 ············· 47
　一、木质楼地面的基本材料 ······· 47
　二、木质楼地面的基本构造 ······· 48
第五节　人造软质楼地面 ········· 50
　一、地毯 ······················· 50
　二、塑料地板 ··················· 51
第六节　特种楼地面 ············· 52
　一、弹性木地板 ················· 52
　二、活动地板 ··················· 52
　三、隔声楼面 ··················· 53

第四章　顶棚装饰 ··············· 54
第一节　概　　述 ··············· 54
　一、顶棚装修的目的和要求 ······· 54
　二、顶棚的分类 ················· 55
第二节　直接式顶棚 ············· 55
　一、直接式顶棚的基层 ··········· 56
　二、直接式顶棚的面层 ··········· 56
　三、结构顶棚 ··················· 56
第三节　吊式顶棚 ··············· 57
　一、吊式顶棚的基本种类 ········· 57
　二、吊式顶棚的构件组成 ········· 57
　三、轻钢龙骨纸面石膏板吊顶 ····· 59
　四、矿棉装饰吸声板吊顶 ········· 61
　五、单体组合开敞式吊顶 ········· 62
第四节　顶棚与其他界面的关系 ··· 62
　一、顶棚与窗帘盒的关系 ········· 62
　二、顶棚与墙面的关系 ··········· 63
　三、顶棚与照明灯具的关系 ······· 64
　四、顶棚与空调风口等设备的关系 ·· 64

第五章　楼梯装饰 ·················· 66
第一节　概　述 ·················· 66
　　一、楼梯的形式 ·················· 66
　　二、楼梯的材料 ·················· 67
第二节　楼梯设计 ·················· 67
　　一、楼梯的布置和宽度设计 ·················· 67
　　二、楼梯坡度和净空高度 ·················· 68
　　三、楼梯的防火 ·················· 69
　　四、楼梯的踏步与梯段 ·················· 69
　　五、楼梯选型原则 ·················· 70
第三节　楼梯饰面及细部构造设计 ······ 71
　　一、楼梯面层构造 ·················· 71
　　二、楼梯栏杆、栏板 ·················· 74
　　三、踏步侧面收头处理 ·················· 79

第六章　建筑门窗 ·················· 80
第一节　概　述 ·················· 80
　　一、门窗的作用 ·················· 80
　　二、门窗的要求 ·················· 80
第二节　门 ·················· 81
　　一、门的分类 ·················· 81
　　二、门的一般尺寸 ·················· 81
　　三、木门的组成和构造 ·················· 82
　　四、门的五金 ·················· 87
第三节　窗 ·················· 88
　　一、窗的分类 ·················· 88
　　二、窗的构造 ·················· 89
　　三、窗帘 ·················· 90

第七章　特种装饰构造 ·················· 95
第一节　隔墙与隔断 ·················· 95
　　一、隔墙 ·················· 95
　　二、隔断 ·················· 100
第二节　幕　墙 ·················· 103
　　一、玻璃幕墙 ·················· 104
　　二、金属薄板幕墙 ·················· 113
　　三、夹芯墙体外墙装饰板 ·················· 115
第三节　雨　篷 ·················· 116
第四节　玻璃采光顶 ·················· 119
　　一、玻璃采光顶的形式 ·················· 119
　　二、玻璃采光顶的凝结水问题 ·················· 121
　　三、玻璃采光顶的材料 ·················· 121

第八章　案　例 ·················· 123
　　案例一　客厅 ·················· 123
　　案例二　卧室 ·················· 124
　　案例三　书房 ·················· 125
　　案例四　餐厅 ·················· 126
　　案例五　儿童房 ·················· 127
　　案例六　卫生间 ·················· 128
　　案例七　厨房 ·················· 129

参考文献 ·················· 130

第一章 概 论

一、本课程的内容

建筑装修构造是室内设计专业的一门工程技术课程。它主要阐述建筑物各装修部位的装饰要求,介绍有关建筑装饰材料的选择和应用,以及施工的方法和合理性,还要训练学生掌握绘制建筑装修施工图的技能。

二、本课程的目的与要求

建筑本身是为满足人们物质生活的需要而建造的,而且各类建筑还应满足人们不同的艺术审美要求,因而建筑就成为一种技术和艺术集一身的综合体。对于人们使用要求的满足,我们必须通过合理的建筑设计,精确的结构计算,严密的构造方式,再配合建筑电气、给排水、暖通、空调等管线的组织安装;有的还要配置消防喷淋、信号监控以及隔声和保温材料的铺贴才能达到现代建筑的基本要求。但是,如果我们仅考虑这些要求的满足还是远远不够的,这样造出来的建筑只是一件"毛坯",人们还是无法使用它。所以,还要用各种建筑装饰材料对建筑"毛坯"进行各种"包装",以满足人们感官的要求。

通过本课程的学习,学生将会初步了解目前经常采用的各种装饰材料的基本性能、规格及它们的构造节点和搭接方法,以便在设计中分别合理选用。某些需现场配置混合的材料,还必须了解它们的基本配方和施工方法。通过学习还要注意并掌握各种饰面材料接合时界面处理的关系。学习本课程的学生并不一定完全熟悉各种建筑材料和装饰材料的化学成分和生产工艺,着重是要懂得运用某些材料来实现我们设计的意图,这就是本课程学习的主要目的。

我们知道本课程是一门实践性很强的技术课程,在课堂上不可能完全掌握这些知识,所以要求我们同学通过对材料的接触、施工现场的参观,最好还要参加一些施工实践才能逐步熟悉建筑装修构造,最后才能绘制出有水准的装修施工图纸。

三、建筑装修的范围

建筑装饰设计的范围涉及的面比较广,可以包括环境、风格、色彩、光源、家具等。而建筑装修构造则比较直接,是为了要达到建筑装饰的艺术目的而具体地运用合适的材料,针对实际的墙柱面、楼地面、顶棚、门窗和楼梯等部位进行饰面处理。

四、建筑装修的材料

建筑装饰材料是建筑材料的一个重要组成部分。建筑材料包括结构材料、饰面材料、功能材料和辅助材料。

(1) 结构材料 用于建筑物主体的构筑,如基础、梁、板、柱、墙体和屋面等。

(2) 功能材料 它主要起保温隔热、防水密封、采光、吸声等改进建筑物功能的作用。功能材料的出现和发展,是现代建筑有别于旧式传统建筑的特点之一。它大大改善了建筑物的功能,使之具备更加优异的技术经济效果和更适合于人们的生活要求。功能材料的花色品种很多,详见表1-1。

(3)装饰材料 它对建筑物的各个部位起美化和装饰作用,使得建筑物更好地表现出艺术效果和时代特征,给人们以美的享受。装饰材料的品种和花色最为繁多,而且推陈出新,变化很快,市场敏感性很强。不过,建筑装饰材料往往兼备其他功能,纯粹为了装饰的建筑材料是很少的。如壁纸虽为装饰材料,但却同时起保护墙面的作用,而且在一定程度上具有吸声和保温隔热的功能。至于灯具,实际上是功能与装饰两者的结合体。目前,市场常见的装饰材料参见表1-1。

新型建筑材料分类一览表　　　　　　表1-1

结构材料	墙体材料	外墙材料 轻板	加气混凝土条板、铝合金板,彩色钢板,石棉水泥板(平板及波纹板),矿渣石膏板,水泥刨花板,混凝土陶粒大板,钢丝网水泥板,低碱水泥板(TK板),玻璃纤维增强水泥板(GRC),有机纤维增强水泥板(PRC)
		外墙材料 砌块	加气混凝土砌块,粉煤灰硅酸盐砌块,混凝土空心砌块,煤矸石空心砌块,镁水泥轻质砌块,泡沫塑料夹心砌块
		外墙材料 非粘土砖	灰砂砖,粉煤灰砖,炉渣砖,煤矸石砖,免烧砖
		外墙材料 复合板	岩棉—混凝土复合墙板,铝板(钢板)—泡沫塑料复合板,泰伯板,钢丝网—岩棉板(GY板),蜂窝夹心复合板 GRC—岩棉复合板,玻璃幕墙
		内墙材料 轻板	纸面石膏板,纤维石膏板,石膏空心条板,稻草板,棉杆板,蔗渣板,麻屑板,硅钙板,矿渣石膏板,珍珠岩板,塑料板,稻壳板,胶合板,轻质镁石板
		内墙材料 砌块	石膏砌块,加气混凝土砌块,粉煤灰砌块
	辅助材料	轻骨料	粘土陶粒,粉煤灰陶粒,页岩陶粒,泡沫聚苯乙烯,天然轻骨料(浮石、火山灰),炉渣轻骨料
		外加剂	减水剂,早强剂,缓凝剂,促凝剂,引气剂,消泡剂,防冻剂,膨胀剂,憎水剂
		增强材料	轻钢龙骨,玻璃纤维,钢纤维,碳纤维,聚丙烯纤维,聚乙烯纤维,浸渍用聚合物
	屋面材料	烧结材料	粘土瓦,琉璃瓦
		胶凝材料	水泥瓦,石棉水泥瓦,镁水泥瓦,钢丝网水泥板,玻璃纤维水泥板
		金属材料	涂塑钢板彩瓦,铝合金瓦,搪瓷钢板瓦
		有机复合材料	玻璃钢瓦,红泥塑料瓦,玻璃纤维沥青瓦,聚四氟乙烯涂覆玻璃布
	构件	混凝土	空心管柱,异型柱,空心楼板,轻骨料混凝土构件,钢—混凝土复合构件,挤出石棉水泥型材
		金属	焊接钢板型板,空间网架结构,悬索构件
		其他	组合木构件
功能材料	防水材料	卷材	石油沥青油毡(各种胎材:纸,玻璃纤维毡,玻璃布,聚酯无纺布,麻布,铝箔;各种面料:彩砂,云母,滑石粉;各种结构:多层组合,带孔,自粘接,不同厚度)聚氯乙烯防水卷材,氯化聚乙烯卷材,硫化型橡胶卷材,三元乙丙橡胶卷材,氯化聚乙烯—橡胶共混卷材,煤焦油沥青油毡
		涂料	再生胶—沥青防水涂料,水性石棉沥青涂料,乳化沥青涂料,氯丁胶乳沥青涂料,氯丁-1涂料,焦油—聚氨酯涂膜防水材料(851)、COPROX高效无机防水涂料
		密封、嵌缝材料	桐油渣沥青防水膏,橡胶沥青嵌缝膏,改性苯乙烯嵌缝膏,氯氰乙烯胶泥,呋喃树脂胶泥,丙烯酸密封膏,聚氨酯密封膏,聚硫密封膏,硅酮密封膏,聚碳酸酯密封膏,泡沫密封带
		粉及带	止水粉,塑料止水带,橡胶止水带
	保温隔热材料	有机材料	聚氨酯泡沫,发泡聚苯乙烯,泡沫酚醛,发泡聚氯乙烯,泡沫脲醛,泡沫聚乙烯,海绵(泡沫橡胶)
		无机材料 纤维型	岩石棉,矿渣棉,玻璃棉,超细玻璃棉,硅酸铝棉,高硅氧纤维,陶瓷棉
		无机材料 发泡型	膨胀珍珠岩,膨胀蛭石,微孔硅酸钙,加气混凝土,泡沫玻璃,泡沫石棉,膨胀流纹岩,海泡石棉
		无机材料 反射型	镀铝聚酯薄膜,铝箔—纸—玻璃纤维复合反射隔热片材
	采光材料	玻璃	中空玻璃,钢化玻璃,夹层玻璃(不碎玻璃、防弹玻璃),钢丝网夹心玻璃,压花玻璃,乳白玻璃,彩绘玻璃,热反射玻璃,吸热玻璃,玻璃空心砖,导电膜玻璃,光敏玻璃,玻璃型材
		有机材料	透明聚氯乙烯,有机玻璃,聚碳酸酯玻璃,透明丙烯酸酯板,玻璃纤维增强聚酯透明板
	防火涂料	浸渍织物用	SCP-1棉永久性阻燃剂,FR-SF 高聚物阻燃添加剂,BR-SB 复合阻燃剂
		喷涂结构用	钢结构防火涂料:TN-LG, TN-LB, JG-276, ST_1;木结构防火涂料:A60-501, B60-186, SJC4;电缆防火涂料:E60-1, PC60-1

续表

装饰装修材料	装饰材料	外墙	劈离砖,陶瓷墙砖,玻璃陶瓷锦砖,陶瓷锦砖,丙烯酸系涂料,氯偏共聚涂料,彩砂涂料;花岗石板,塑料夹心铝板(Reynobond)
		内墙	釉面砖,陶瓷锦砖,玻璃纤维贴墙布,压延复合聚氯乙烯壁纸,装饰墙布,高发泡聚氯乙烯壁纸,涂塑压花壁纸,麻草壁纸,织物壁纸,各种内墙涂料,大理石板,印花无纺墙布,镀金属膜壁纸,粉刷石膏,美铝曲板,保丽板,塑料挂镜线
		地面	块状塑料地板,塑料卷材地板,抗静电活动地板,陶瓷锦砖,陶瓷地砖,满铺裁绒地毯,块状地毯,水磨石,合成石,花岗石,大理石,混凝土地砖,各种地面涂料,自流平石膏
		顶棚	矿棉吸声板,玻璃棉吸声板,构造吸声体,铝合金吊顶,钢板吊顶,珍珠岩吸声板,石膏装饰板,深浮雕石膏板,钙塑板,蛭石装饰吸声板
	卫生间	金属材料	铸铁搪瓷浴缸,带裙边浴缸,按摩浴缸,冲压钢板搪瓷浴缸
		陶瓷材料	陶瓷洗面盆,陶瓷便器(蹲式、座式;上水箱、连体水箱;冲洗式、热风式)
		有机—无机复合材料	玻璃钢浴盆,玻璃钢盒子式卫生间,人造大理石成套卫生洁具,人造玛瑙卫生洁具
	门窗	有机材料	钙塑门窗,玻璃钢门窗,改性聚氯乙烯门窗,无冷桥塑料窗,金属—塑料复合窗
		铝合金	铝合金门窗,自动门,铝花格内门,百页窗
		钢材	型材钢门窗,空腹彩板钢窗,防火门,卷帘门
	管子管件	供水	聚丁烯管,聚氯乙烯管,聚乙烯管,预应力混凝土管
		排水	硬聚氯乙烯管,软聚氯乙烯管,聚乙烯管,聚丙烯管,红泥塑料管,酚醛石棉管,玻璃钢管,玻璃管
	建筑五金	卫生间用	水龙头,单把调温水龙头,淋浴器,毛巾架,肥皂盒
		其他	门锁,门铰链,闭门器,地弹簧,门窗启闭系统,电器件面板,保安器
	配套材料	建筑粘结剂	4115多用粘结剂,双组分聚氨酯粘结剂,双组分环氧树脂粘结剂,聚醋酸乙烯粘结剂(乳胶),108胶(聚乙烯醇、甲醛),氯丁橡胶粘结剂,石膏胶泥,聚氯乙烯管粘结剂,壁纸胶,地板胶,瓷砖粘结剂
		紧固件	自攻螺钉,射钉,膨胀螺栓
		工器具	干墙系统用工器具,粉刷石膏用工器具,壁纸施工用工器具,地板、地毯施工用工器具,密封膏注射器

五、建筑装修的内容

按国家标准《装饰工程施工及验收规范》JGJ 73—91 中的规定,建筑装修应包括如下内容:抹灰工程、门窗工程、玻璃工程、吊顶工程、隔断工程、饰面板(砖)工程、涂料工程、裱糊工程、刷浆工程和花饰工程等 10 项。但是,面对当前新型装饰材料的大发展,装饰工程的标准也越来越高,装饰设计和施工逐渐从建筑土建工程中分离出来,成为独立的行业。

当然,装饰设计的范围比较广,通常涉及到艺术构思和创作问题,而建筑装修则比较具体,它涉及到的是技术问题。建筑装修就是为了达到建筑装饰设计的艺术目的和意图,去具体地运用合适的装饰材料对建筑的各个部位进行装饰处理。本教材着重分析了外墙面、内墙面、顶棚、楼地面、楼梯和门窗部位的一些装饰材料和装修的方法。

六、建筑装饰材料的连接与固定

根据各种材料的特性与施工方法的不同,建筑饰面材料的连接与固定一般分为三大类:一种是胶接法;另一种是机械固定法;第三种是金属件之间的焊接法。

(1) 胶接法 通常在墙地面铺设整体性比较强的抹灰类或现浇细石混凝土,还有在铺贴陶瓷锦砖、面砖和石材时,利用水泥本身的胶结性和掺入胶接材料作为饰面的方法。此种方法一般为湿作业,所费工时较大。

(2) 机械固定法 随着高强复合的新型建筑结构构件和饰面板材的不断涌现,工厂制作、现场装配的比例越来越高,机械连接和固定方法在建筑装修工程中逐渐占主导地位,此种方法大多采用金属紧固件和连接件。金属紧固件有各种钉子、螺栓、螺钉和铆钉(图1-1);金属连接件包括合缝钉、铰链、带孔型钢和特殊接插件等。在装修工程中采用机械连接和固定法具有速度快、效率高、施工灵活和安全可靠等优点,但施工精确度也必须高。

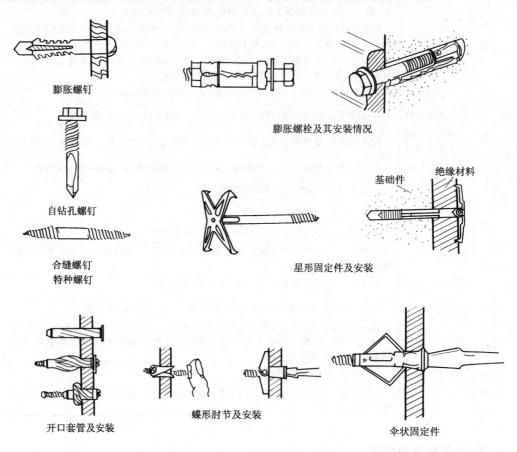

图 1-1 金属紧固件

(3) 焊接法　对于一些比较重型的受力构件的连接或者某些金属薄型板材的接缝,通常采用电焊或气焊的方法。

七、建筑装修施工机械

建筑装修施工机械一般为人工易搬动的小型机械,大多为手提式的。主要功能分为钻孔型(图1-2)、切割型(图1-3)、磨光型(图1-4)、刨削型(图1-5)和紧固型(图1-6)等,且大多是用微型电动机驱动的旋转型机械。此外,还有少量的以压缩空气作动力源的,如气动射钉枪、喷浆机等。

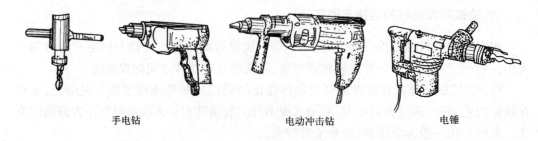

图 1-2 钻孔型机械

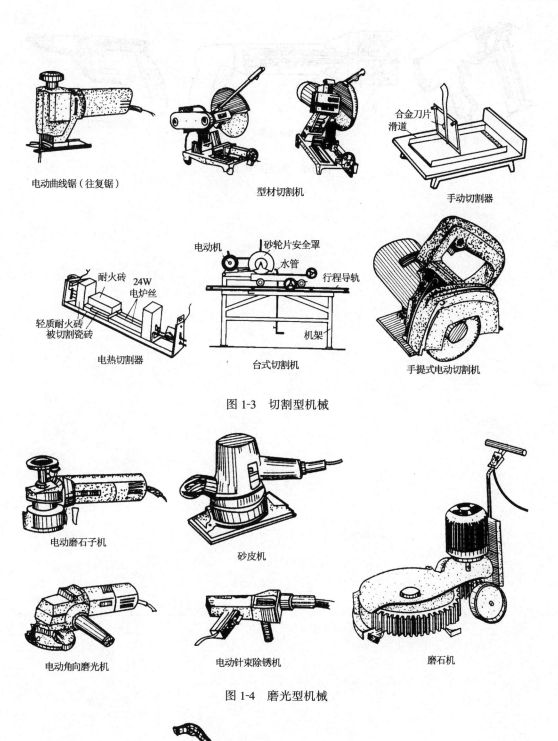

图 1-3 切割型机械

图 1-4 磨光型机械

图 1-5 刨削型机械

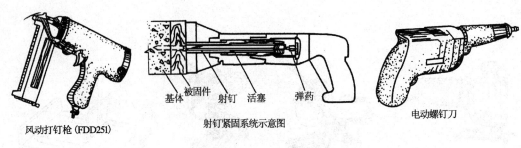

图1-6 紧固型机械

第二章 墙面装饰

墙面装饰主要包括建筑物室外墙面和室内墙面两大部分,装饰的主要目的是保护墙体、美化建筑的室内外环境。

外墙面的装饰,一方面可以防止墙体直接受到风、霜、雨、雪的侵袭及温度剧烈变化而带来的影响;另一方面使建筑的色彩、质感等外观效果与环境和谐统一,显示出理想的美感,从而提高建筑物的使用价值(图2-1)。

内墙面的装饰其目的和要求主要体现在以下三个方面(图2-2):

图2-1 外墙面装饰

图2-2 内墙面装饰

1. 保护墙体

内墙与外墙不同,不会直接遭受风、霜、雨、雪的侵袭,但在人们使用的过程中会因各种因素而受到影响,例如室内相对湿度高或水的溅湿导致墙体受潮,有时墙面会受到物件的撞击而受到损坏等等,所以室内装饰材料的选用与构造必须考虑保护墙体。

2. 改善室内使用条件

建筑室内外装饰的最终目的是为了满足人的需要,而室内装饰与人的关系更为密切。为了保证人们在室内正常的生活与工作,首先室内墙面应从使用功能上满足人们的需要,例如易于清洁,具有良好的反光性能;在某些场合要考虑对声波的反射或吸收;在需要时维护墙内侧的饰面还要结合保温与隔热的功能;符合舒适性要求的墙面要会"呼吸";其次还要注意材料的质感、纹样、图案和色彩,以满足人们的生理状况和心理需要。

3. 装饰室内

一般来说,人们意识上的内墙装饰主要的目的就是美化室内,内墙与顶、地协调一致共同构成室内的装饰界面,同时对家具和陈设起到衬托的作用。

墙面装饰形式按材料和构造做法的不同,基本类别有:抹灰类饰面、涂料类饰面、贴面类饰面、板材类饰面、罩面板类饰面、裱糊类饰面、清水墙饰面、幕墙,其中幕墙由于构造的特殊性将放在后面章节单独讲解。

第一节 抹灰类饰面

⇨ **关键点**
- 抹灰分层的必要性
- 不同基底、不同部位抹灰的不同要求
- 如何避免或减弱抹灰面层的常见问题

抹灰类饰面是指用水泥砂浆、石灰砂浆、混合砂浆等抹灰的基本材料,对墙面做一般抹灰,或辅以其他材料,利用不同的施工操作方法做成的饰面层,适用于建筑的内外墙面。抹灰类饰面因取材方便、施工简单、价格低廉,故应用相当普遍。

一、一般抹灰的构造层次及厚度控制

一般抹灰是指采用砂浆对建筑物的面层进行罩面处理,其主要目的是对墙体表面进行找平处理并形成墙体表面的涂层。为确保抹灰粘贴牢固,避免开裂、脱落,通常采用分层施工的做法,其具体构造分为三层:粗底涂、中底涂、表涂(图2-3)。

1. 粗底涂

粗底涂是墙体基层的表面处理,作用是与基层粘结和初步找平,基层的施工操作和材料选用对饰面质量影响很大。常用材料有石灰砂浆、水泥砂浆和混合砂浆,具体根据基层材料的不同而选用不同的方法和材料。

(1)砖墙面 砖墙由于是手工砌筑,一般平整度较差,必须采用水泥砂浆或混合砂浆进行粗底涂,亦称刮糙。为了更好的粘接,刮糙前应先湿润墙面,刮糙后也要浇水养护,养护时间长短视温度而定。

(2)混凝土墙面 混凝土墙面由于是用模板浇筑而成,所以表面较光滑,平整度比较高,特别是工厂预制的大型壁板,其表面更是光滑,甚至还带有剩余的脱模油,这都不利于抹灰层基层的粘结,所以在饰面前对墙体要进行处理,使之达到必要的粗糙程度。处理的方法有凿毛、甩浆、划纹、除油,或是用渗透性较好的界面剂涂刷一层(图2-4)。

(3)加气混凝土墙面 加气混凝土墙体表观密度小、空隙大、吸水性强,直接抹灰会使砂浆失水而无法与墙面有效的粘结。处理方法是先在墙面上涂刷一层108建筑胶水:水=1:4的溶液拌水泥涂刷墙面,封闭孔洞,再进行粗底涂;在装饰等级较高的工程中,还可以在墙面满钉32mm×32mm丝径0.7mm的镀锌钢丝网,再用水泥砂浆或混合砂浆刮糙,效果就比较好,整体刚度也大大增强。

2. 中底涂

中层砂浆主要起找平的作用,根据设计和质量要求,可以一次抹成,也可以分层操作,具体根据墙体平整度和垂直度偏差情况而定,用料与底层用料基本相同。中层抹灰厚度一般为5~9mm。

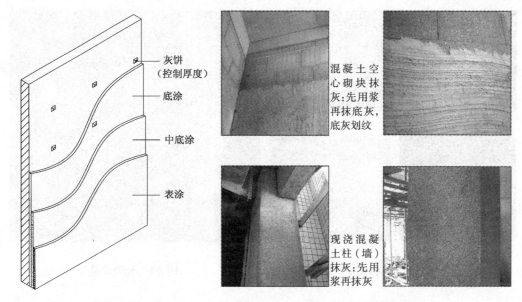

图 2-3 抹灰分层示意　　　图 2-4 甩浆、划纹处理

3. 表涂

表涂又称为抹灰面层或罩面,一般抹灰饰面的基本要求是表面平整、色泽均匀、无裂缝。外墙面层抹灰由于防水抗冻的要求,一般用 1:2.5 或 1:3 的水泥砂浆;而内墙罩面材料一般用石灰类砂浆 1:1:4 或 1:1:6,由于是气硬性材料,和易性极佳,因此可以粉刷的相当平整。粉刷好的墙面可以作为其他饰面如卷材饰面、涂料饰面的基层。

二、装饰抹灰

装饰抹灰与一般抹灰做法基本相同,不同的是分层材料和工艺有所不同,装饰抹灰更注重抹灰的装饰性。装饰抹灰除具有一般抹灰的功能外,它在材料、工艺、外观、质感等方面具有特殊的装饰效果,大体有以下两类(图 2-5):

1. 面层的施工工艺不同

这类饰面的面层材料一般为各类砂浆,只是因工艺不同而采取不同的材料配比,且往往需要专门的施工工具,如拉条抹灰、拉毛抹灰、假面砖、喷涂、滚涂等等。

2. 石碴类抹灰饰面

石碴类饰面的构造层次与一般抹灰饰面相同,只是骨料由砂改为小粒径的石碴而已,然后再用其他手段处理,显露出石碴的颜色和质感的饰面做法。常见的有水刷石、干粘石、斩假石。

三、抹灰面层的质量保证

1. 分块设缝

对外墙抹灰而言,大面积抹灰饰面往往由于材料的干缩和冷缩,会出现裂缝,再加上考虑施工接槎的需要,因此在实际操作中,可将饰面分成若干小块来进行,这种分格形成的线称为引条线。这既是构造的需要,也有利于日后的维修工作,同时还可以丰富建筑立面(图 2-6)。引条线的划分要考虑到门窗的位置,四周拉通,竖向引条线到勒脚为止。引条线设缝方式一般采用凹缝,其形式如图 2-7 所示。

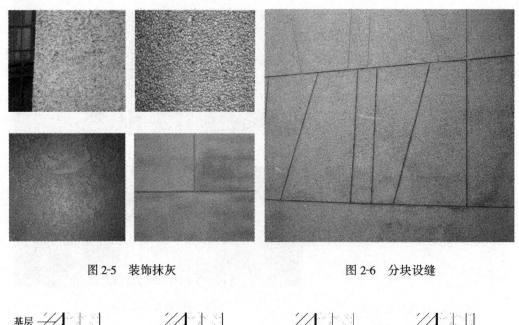

图 2-5　装饰抹灰　　　　　　　图 2-6　分块设缝

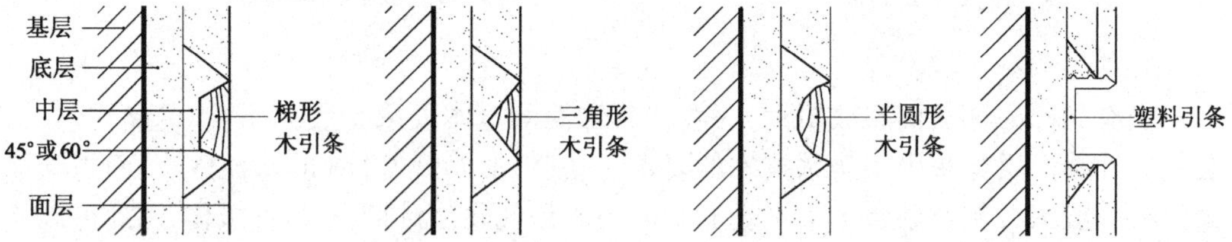

图 2-7　引条线做法

2. 裂缝、空鼓、花脸

(1) 裂缝　抹灰面层裂缝产生的主要原因是胶结材料比例相对较大,骨料的粒径过小,再加上每层砂浆过厚,在这种情况下,砂浆的整体收缩较大,就会导致抹灰裂缝。施工时,面层砂浆的胶结材料与骨料的比例在 1:2.5~1:3 之间较合适,骨料粒径在 0.35~0.5mm 之间,面层抹灰厚度,水泥砂浆每遍 5~7mm 为宜,石灰砂浆和混合砂浆每遍 7~9mm 为宜。

(2) 空鼓　空鼓主要是各层砂浆之间或底层与基层之间某一部分粘结不牢所致。产生这种现象的原因是多种多样的,常见的原因有：抹灰前淋水不均匀,或是两层材料的强度相差悬殊,造成收缩变形系数不一致。这一现象很难避免,但通过合理选材、规范施工,就可减少空鼓现象。

(3) 花脸　花脸产生的主要原因是水泥水化过程产生的氢氧化钙在表面析出,经钙化生成碳酸钙沉淀造成,另外盐析作用也可能造成花脸。在施工时,可以采用疏水剂掺入水泥浆的办法可有一定程度的改善。

3. 外转墙角部的保护

在许多人流量较大地方的墙面,如医院、学校等走廊部位,抹灰类饰面的外转墙角很容易被碰撞崩落,因此,此类墙角应采取保护措施。保护的方法有许多,例如,抹灰前在墙角上先做暗的水泥或金属护角条,最后再用粉刷抹平,也可以在墙上做明露的不锈钢、黄铜、铝合金或橡胶护角,高度不超过两米(图 2-8)。

第一节 抹灰类饰面

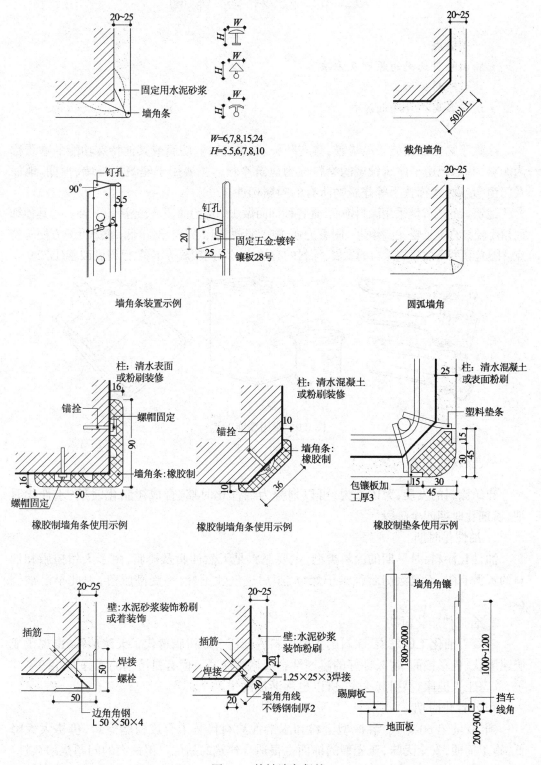

图 2-8 外转墙角保护

第二节 涂料类饰面

⇨ **关键点**
- 墙面涂料选用的原则及方法
- 建筑涂料的施工
- 认识各类内外墙面涂料

涂敷于物体表面能干结成膜,具有防护、装饰、防锈、防腐或其他特殊功能的物质称为涂料,我们把用于建筑领域的涂料称为建筑涂料。主要用于建筑内外墙、顶棚、地面及门窗、走廊、楼梯扶手等建筑物所有的附属构件。

建筑物的内外墙采用涂料饰面,是各种饰面做法中最为简便、较经济的一种。与其他饰面相比较具有重量轻、色彩鲜明、附着力强、施工简便、省工省料、造价低,维护更新方便等特点。随着新型高效建筑涂料的发展,涂料的有效使用周期较短等不足,已得到改善(图2-9)。

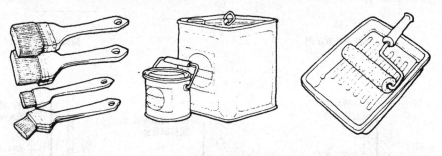

图2-9 常用涂饰工具

一、涂料的发展

建筑涂料的发展,大体来说,可以划分为油性化时期、合成树脂化时期、水性化时期、粉剂化时期四个阶段。

1. 油性化时期

油性化涂料,是早期的涂料类型,主要原料是天然油脂及树脂,由于天然树脂和油料的资源有限,而且涂刷后很难干燥,成膜后透气性不好,易受潮脱落,因此早已被淘汰。

2. 合成树脂化时期

随着石油化工的发展,涂料的主要原料逐渐用合成树脂替代了天然油料,出现了成膜速度快、色彩艳丽、耐久性好的溶剂性合成树脂涂料。但有机溶剂的强挥发性污染环境,危害工人健康,易引起火灾,所以也逐渐被淘汰。

3. 水性化时期

到20世纪60年代,乳液型涂料和水溶性涂料代替了合成树脂涂料,价格大大降低,施工简便,安全无味,亚光型的饰面也很适合建筑的品位。但最大的问题是耐久性、抗水性不好,运输包装不方便。

4. 粉剂化时期

随着高科技的发展,涂料工业又进行了一场革命,首先将涂料产品粉剂化,解决了包装运输的问题;其次将乳液型和水溶性变成了反应性的水泥漆系列,即解决了抗水性问题,也解决了透气性问题,可洗可擦,耐久性大大增加。

目前,国内外又致力于发展新型、功能型、环保型建筑涂料,并重视减少涂料中的有机挥发物(VOC),实现涂料发展"无公害、省资源、省能源"的目标。

二、涂料的组成

1. 主要成膜物质

涂料的主要成膜物质大多是有机高分子化合物,其作用是将涂料中的其他组分粘结在一起,并能牢固地附着在基层表面,形成连续、均匀、坚韧的保护膜,其性质对涂膜的坚韧性、耐磨性、耐候性及化学稳定性起着决定性作用。目前,我国建筑涂料所用的成膜物质主要以合成树脂为主。

2. 次要成膜物质

涂料的次要成膜物质是指涂料中的颜料和填料。它们是以微细粉状均匀散于涂料的介质中,赋予涂料以色彩、质感,使涂膜具有一定的遮盖力,减少收缩,还能增加膜层的机械强度,防止紫外线的穿透作用,提高膜层的抗老化和耐候性,但不能单独成膜。

3. 辅助成膜物质

涂料的辅助成膜物质是指溶剂和辅助材料。溶剂是一种能溶解油料、树脂,又易于挥发、能使树脂成膜的有机物质,可增加涂料的渗透力,改善涂料与基层的粘结能力,节约涂料用量。辅助材料常用的有增塑剂、催干剂、固化剂、抗氧剂等,起着改善涂料性能的作用。

三、建筑涂料的选择原则与方法

1. 选择原则

(1)建筑的装饰效果　建筑的装饰效果主要由质感、线型和色彩这三个方面决定的,其中建筑线型是由建筑结构及饰面方法所决定的,而质感和色彩则是涂料装饰效果优劣的基本要素。所以在选用涂料时,应考虑所选用的涂料与建筑的协调性及对建筑形体设计的补充效果。

(2)耐久性　耐久性包括两个方面的含义,即对建筑的保护效果和装饰效果。涂膜的变色、玷污、剥落与装饰效果有直接关系,而粉化、龟裂、剥落则与保护效果有关。

(3)经济性　有些产品短期效果好而长期经济效果差,有些则反之,因此选择时要综合考虑,权衡利弊,对不同建筑墙面选用不同的涂料。

2. 选择方法

(1)按建筑的装饰部位选择　例如,外墙面长年累月处于风吹日晒雨淋的环境中,所用涂料必须有足够好的耐久性、耐候性、耐玷污性和耐冻融性;而内墙涂料则对颜色、平整度、丰满度等有一定的要求,同时要耐干擦和湿擦。

(2)按不同的建筑结构材料　对于混凝土、水泥、石膏、砖、木材、钢铁和塑料等,各种涂料所适用的基层材料是不同的。例如,无机涂料不适用于塑料、钢铁等结构材料上,对这类材料一般使用溶剂型或其他有机高分子涂料来装饰;而对于混凝土、水泥砂浆等材料必须选用具有较好耐碱性的涂料。

(3)按建筑物所处的地理位置和施工季节选择涂料　例如,炎热多雨的南方所用涂料不仅要求有较好的耐久性,而且应有较好的耐霉性。雨季施工时,应选择干燥迅速并且有较好初期凝水性的涂料。

四、建筑涂料的施工

1. 基层处理

喷涂前必须将已做好的基层表面的灰浆、浮土、附着物等冲洗干净;基层表面的油污、隔离剂洗净。基层表面要求平整,大的孔洞、裂缝应提前修补平整,轻微的可用腻子刮平,深的用聚合物水泥砂浆(水泥:108胶:水 = 1:2:3)修补。

2. 涂料准备

涂料使用前应将其倒入较大的容器内充分搅拌均匀后可使用。使用过程中仍需不断搅拌,防止涂料中的添加剂沉底。一般成品涂料所含水分应按比例配置,使用过程中不随意加水稀释。当涂料出现"增稠"现象时,可通过搅拌降低稠度至呈流体状再使用,也可掺入不超过8%的涂料稀释剂。

3. 涂层形成

(1)底涂料　直接涂装在基层上的涂料,作用是增强涂料层与基层之间的结合力。另外,底层涂料还兼具有基层封底的作用,防止水泥砂浆抹灰层的可溶性盐等渗出表面,造成对涂饰饰面的破坏。

(2)中间层涂料　是整个涂料的成型层,起着保护基层和保护面层形成所需的装饰效果的作用。

(3)面层涂料　面层的作用是体现涂层的色彩和光感,并满足耐久性、耐磨性等方面的要求,面层至少要涂刷两遍以上。

4. 涂装方式

常见的涂装方式有:刷涂、喷涂、滚涂、弹涂。图2-10为常用的喷料和滚涂机具。

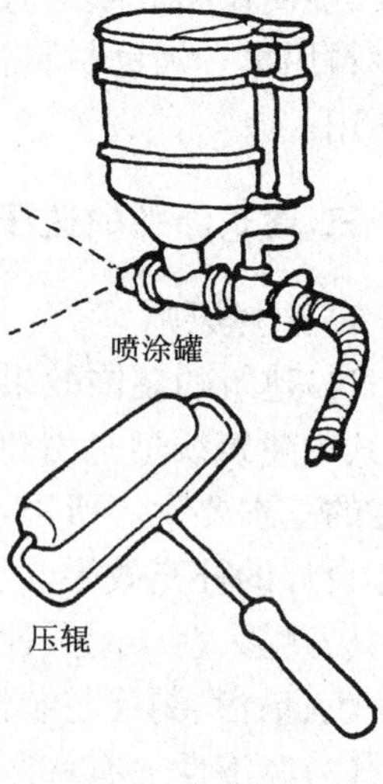

5. 喷装效果

外墙喷涂时,门窗处必须遮挡,空压机压力保持在0.4~0.7MPa左右,要根据涂料的稠度、喷嘴的直径大小来调整喷头的进气阀门,以喷成雾状为宜。喷涂质量的好坏与喷头距墙面远近和角度大小有关。近则易成片,造成流坠;远则易虚,造成花脸和漏喷。喷头距墙一般在50~70cm为宜。

一般来说,纯涂料用刷子涂刷涂料的墙面的装饰效果与其他饰面相比,无论从色彩、质感和线型,都显得比较平淡和简单。

为了提高涂料的装饰效果,可以用带花纹的压辊在已涂有底涂的饰面上再滚一层厚涂料的方法形成带有凹凸感的花纹(图2-11)。

图2-10　喷料和滚涂机具

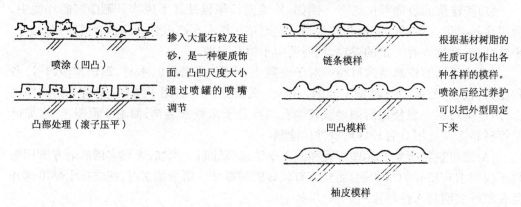

图2-11　装饰抹灰

五、建筑涂料的饰面效果

参见文前彩图。

第三节 贴面类饰面

⇨ **关键点**
- 各种陶瓷面砖的性能及适用性
- 面砖的排列及细部处理
- 室内与室外面砖的异同点

贴面类饰面是指把规格和厚度都比较小的块料粘贴到墙体底涂上的一种装饰方法。常用的贴面类材料有各种人工烧成的陶瓷制品和小规格的天然石材。

陶瓷制品作为墙面装饰材料,不仅具有丰富的装饰效果,而且具有坚固耐用、色泽稳定、易于清洗、耐腐蚀、防火、抗水等优点,所以在建筑物的内外墙装饰中得到广泛的应用。

一、陶瓷的基本知识

陶瓷的生产发展经历了由简单到复杂,由粗糙到精细,由无釉到施釉,从低温到高温的过程。陶瓷制品根据坯土原料和烧制工艺的不同,可分为陶质、炻质和瓷质三大类。

1. 陶质产品通常具有较大的吸水率,包括粗陶和精陶两种,其中建筑用的砖瓦、陶管等属于粗陶制品。
2. 炻质产品通常也分成粗细两种,与陶器相比,炻质产品孔隙率比较低,坯体比较致密,吸水率较小,建筑用的外墙面砖、地砖均属于粗炻制品。
3. 瓷质产品坯体致密性好,基本不吸水。

对于建筑装饰用的内外墙面砖,吸水率指标很重要。吸水率太高,虽然能将结合层中的胶浆大量吸入,面砖与基层的粘结性提高,但对于外墙面砖而言,冬天吸入过多水分会造成面砖冻裂,表面的耐污性会降低;吸水率太低,会造成面砖与基层结合不好,日久易脱落。

二、陶瓷贴面材料及构造做法

1. 外墙面砖

(1)性能、种类、规格 外墙面砖以优质陶土为原料,加上其他材料后在1100℃左右煅烧而成,分无釉和有釉两种,表面质感多种多样,通过配料和制作工艺,可获得平面、麻面、磨光面、抛光面、仿石面、压花浮雕等多种表面。随着建材工业的发展,墙地砖即外墙面砖和铺地砖两用的产品得到广泛使用。新型的墙地砖品种在不断增加,如劈离砖、玻化砖、彩胎砖、麻面砖、金属光泽釉面砖等。外墙面砖的常用规格见表2-1。外墙专用砖如图2-12所示。

彩釉砖的主要规格尺寸(mm)　　　　　表2-1

100 × 100	300 × 300	200 × 150	115 × 60
150 × 150	400 × 400	250 × 150	240 × 60
200 × 200	150 × 75	300 × 150	130 × 65
250 × 250	200 × 100	300 × 200	260 × 65

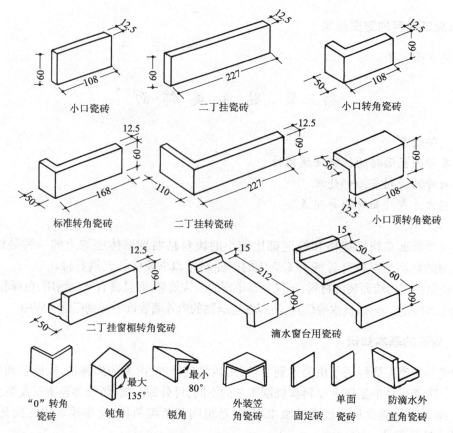

图 2-12 外墙专用砖

(2) 排砖和布缝 影响面砖装饰效果的因素,除去面砖本身的装饰效果如块面的大小、色彩等因素以外,主要是饰面砖的排列方式。通过不同的排列方式,可以获得不同的装饰效果(图 2-13)。图 2-13 中是几种基本排砖和布缝的方式。接缝宽窄分为密缝(接缝宽度在 1~3mm 范围)和离缝(接缝宽度在 4mm 以上)。

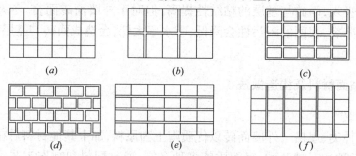

图 2-13 面砖的排列和布缝
(a)齐密缝;(b)划块留缝,块内密缝;(c)齐离缝;
(d)错缝离缝;(e)水平离缝,垂直密缝;(f)垂直离缝,水平密缝

在实际的使用中,面砖没有固定的排布方式,排砖和布缝要综合考虑面砖的尺寸和色彩搭配、建筑尺度、贴砖部位、门窗洞口等处的细部处理方式等多方面的因素,设计出合理的排砖、布缝方案。

(3) 粘贴构造(图 2-14) 1)基层处理:在墙体基层上用 1:2~1:2.5 的水泥砂浆打底,厚 15~20mm。面砖和墙面应在粘贴前几小时充分浸水湿润,保证粘贴后不会因面砖将灰浆的水分吸走而粘结不牢。2)粘贴面砖:面砖粘贴操作应由上而下,分层分皮进行。粘结材料使用 1:2 的水泥砂浆,厚 6~10mm;或使用 2~3mm 厚的水泥浆,只适用于 100mm 以下的小规格面砖;或使用建筑胶粉。面砖的背部一般都带有凹槽,这种凹槽可以增强面砖和粘结材料之间的结合力(图 2-15)。3)面层处理:粘贴完毕后用 1:1 水泥砂浆填缝,待嵌缝材料硬化后清缝并清洗处理。

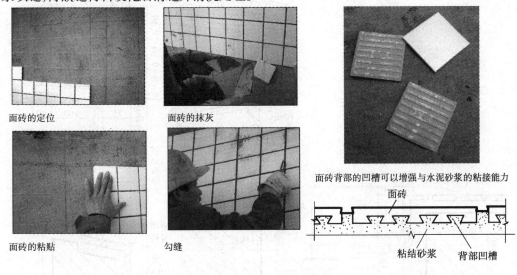

图 2-14　外墙面砖的施工过程　　　　图 2-15　面砖的粘贴情况

(4)节点处理　面砖铺贴的主要部位应注意窗上口、窗台及转角的处理(图 2-16、图 2-17)。

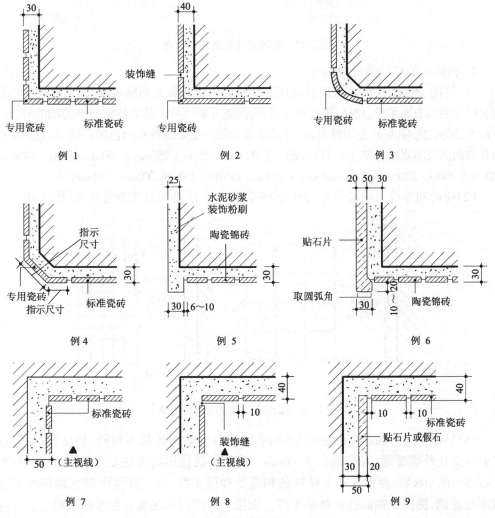

图 2-16　转角处面砖的处理示意

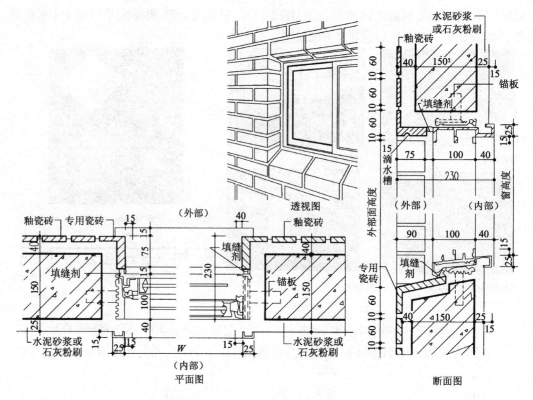

图 2-17 面砖的细部及节点处理

2. 釉面砖的粘结情况及细部

(1)性能、种类、规格 釉面砖是用于建筑物内墙面装饰的精陶制品,又称内墙面砖。制品经烧制后表面平滑、光亮,颜色丰富多彩,图案五彩缤纷。釉面砖除装饰的功能外,还具有防水、耐火、抗腐蚀、热稳定性良好、易清洗等功能。主要品种有白色釉面砖、彩色釉面砖、印花釉面砖及图案釉面砖等。常用规格有 200mm×150mm、250mm×150mm、150mm×150mm、200mm×200mm、220mm×220mm、80mm×220mm、300mm×150mm、300mm×300mm 等。

(2)排砖和布缝 内墙面砖与外墙面砖不同,一般是无缝或密缝排布(图 2-18)。

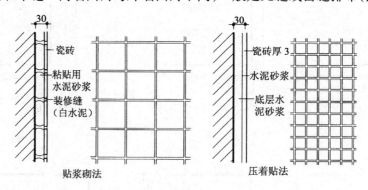

图 2-18 釉面砖的粘结情况及细部

(3)粘贴构造 釉面砖的粘贴,其构造做法与外墙面砖基本相同,粘结材料水泥砂浆的厚度比外墙要薄,宜控制在 5~6mm。现在广泛使用的方法是在水泥砂浆中掺入 2%~3% 的 108 胶,使砂浆产生极好的和易性和保水性,由于砂浆中胶水阻隔水膜,砂浆不易流淌,提高了釉面砖的粘贴牢度。面层一般用白水泥或有色水泥填缝。

3. 陶瓷锦砖

(1)性能、种类、规格 陶瓷锦砖俗称马赛克,是由边长不大于40mm且具有多种色彩、不同形状的小块砖镶拼成各种花色图案的陶瓷制品(图2-19)。由于产品出厂时,已将带有花色图案的锦砖根据设计要求以305.5mm×305.5mm反贴在牛皮纸上,故又被称作牛皮纸砖。陶瓷锦砖可以制成多种色彩和斑点,表面有无釉和施釉两种,有正方形、长方形和六角形。陶瓷锦砖具有抗腐蚀、耐火、耐磨、吸水率小、抗压强度高、易清洁和永不褪色等特点,可用于工业与民用建筑的门厅、走廊、卫生间、餐厅、厨房、浴室、化验室等内墙和地面。

(2)粘贴构造(图2-20) 1)清理面层,用1:3水泥砂浆打底,用刮尺刮平,木摸子搓毛。2)根据设计要求和锦砖的规格尺寸弹线分格。3)润湿基层,抹一道素水泥浆,然后再抹1:1.5水泥砂浆,厚3~4mm。4)纸面朝上,铺贴锦砖,再用木板贴实压平,并刮去边缘缝隙渗出的砂浆。5)初凝后,洒水湿纸,揭纸,拨正斜块。凝结后,白水泥嵌缝,擦拭干净。

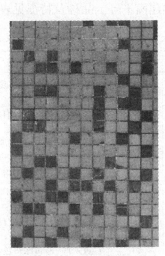

图2-19 陶瓷锦砖

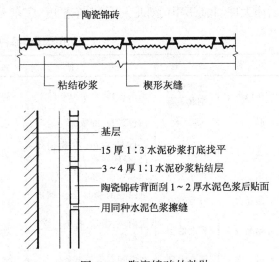

图2-20 陶瓷锦砖的粘贴

第四节 板材类饰面

⇨ **关键点**

- 天然石材
- 天然石材的安装方法
- 板材饰面的细部处理

板材类饰面通常是指用镀锌钢制锚固件将预先制作好的板材与墙体结合形成的高档或中高档饰面。板材包括天然石材的大理石、花岗石、青石板和人造石材的水磨石板、人造大理石(花岗石)板等,板材的规格一般在500~2000mm之间,厚度在20~40mm之间(图2-21)。

图2-21 石材的广泛使用

一、板材的种类

1. 大理石

大理石是一种由方解石和白云石组成的变质岩,磨光加工后的大理石板材颜色绚丽,有美丽的斑纹或条纹,具有较好的装饰性。当大理石用于室外时,因其组成中的碳酸钙在大气中受硫化物和水气的作用易被腐蚀,会使面层失去光泽,所以除了少数几种质地较纯的汉白玉和艾叶青能用在室外,大多数大理石宜用于室内饰面,如墙面、柱面、地面、楼梯的踏步面、服务台等。有些色泽较纯的大理石板还被广泛的用于高档卫生间、洗手间的台面。

大理石饰面的品种很多,行业内一般按大理石的原料产地,石料的色泽、特征及磨光后所显现的花纹来命名。我国是一个石材生产大国,产地遍布全国各地,其中较有名的有云南大理、北京房山、湖北大冶、山东平度、广东云浮、福建南平等。品种及特征见表2-2。

常用大理石品种及特征　　表2-2

名　称	产　地	特　征	名　称	产　地	特　征
汉白玉	北京房山 湖北黄石	玉白色,微有杂点和脉	海　涛	湖北	灰色微赭,均匀细晶,间有灰条纹或赭色斑
晶　白	湖北	白色晶粒,细致而均匀	象　灰	浙江潭浅	象灰色杂细晶斑,有红黄色细纹络
雪　花	山东掖县	白间淡灰色,有均匀中晶,有较多黄杂点	艾叶青	北京房山	青底,深灰色白色叶状斑云,间有片状纹缕
雪　云	广东云浮	白和灰白相间	残　雪	河北铁山	灰白色,有黑色斑带
影晶白	江苏高资	乳白色有微红至深赭的陷纹	螺　青	北京房山	深灰色底,满布青山相间螺纹状花纹
墨晶白	河北曲阳	玉白色,微晶,有黑色纹脉和斑点	晚　霞	北京顺义	石黄间土黄斑底,有深黄色叠脉,间有黑晕
风　雪	云南大理	灰白间有深灰色晕带	蟹　青	河北	黄灰底,遍布深灰色和黄色砾斑,间有白灰层
冰　琅	河北曲阳	灰白色均匀粗晶			
黄花玉	湖北黄石	淡黄色,有较多稻黄脉络	虎　纹	江苏宜兴	赭色底,有流纹状石黄色经络
凝　脂	江苏宜兴	猪油色底,稍有深黄细脉,偶带透明杂晶	灰黄色	湖北大冶	浅黑灰色,有陷红色、黄色和浅灰脉络
			锦　灰	湖北大冶	浅黑灰色,有红色和灰白色脉络
			电　花	浙江杭州	黑灰底,满布红色和间白色脉络
碧　玉	辽宁连山关	嫩绿或深绿与白色絮状相渗	桃　红	河北曲阳	桃红色,粗晶,有黑色缕纹和斑点
彩　云	河北获鹿	浅翠绿色底,深线绿絮状相渗,有紫斑或脉	银　河	湖北下陆	浅灰底密布粉红脉络杂有黄脉
			秋　枫	江苏南京	灰红底,有血红晕脉
			砾　红	广东云浮	浅红底,满布白色大小碎石块
斑　绿	山东莱阳	灰白色底,有深草绿点斑状堆状	桔　络	浙江长兴	浅灰底,密布粉红和紫红叶脉
云　灰	北京房山	白或浅灰底,有烟状或云状黑灰纹带	岭　红 紫螺纹	辽宁铁岭 安徽灵璧	紫红底 紫红底,满布灰红相间的螺纹
			螺　红	辽宁金县	绛红底,夹有红灰相间的螺纹
晶　灰	河北曲阳	灰色微赭,均匀细晶,间有灰条纹或赭色斑	红花玉	湖北大冶	肚红底,夹有大小浅红碎石块
驼　灰	江苏苏州	土灰色底,有深黄赭色浅色疏脉	五　花 墨　壁	江苏、河北 河北获鹿	绛紫底,遍布深青灰色 黑色,有少量浅黑陷斑、少量黄缕纹

续表

名 称	产 地	特 征	名 称	产 地	特 征
裂玉	湖北大冶	浅灰带微红色底,有红色脉络和青灰色斑	墨夜莱阳黑	江苏苏州山东莱阳	黑色,间有少量白络或白斑灰黑底,间有墨斑灰白色斑点

2. 花岗石

花岗岩是一种由长石、石英和少量云母组成的火成岩。常呈整体均粒状结构,其构造致密,强度和硬度极高,抗冻性和耐磨性均好,并具有良好的抗酸碱和抗风化的能力,耐用期可达100~200年。经磨光处理的花岗石板,光亮如镜,质感丰富,有华丽高贵的装饰效果。经细琢加工的板材,具有古朴坚实的装饰风格。

花岗石板适用于宾馆、商场、银行和影剧院等大型公共建筑的室内外墙面和柱面的装饰,也适用于地面、台阶、楼梯、水池和服务台的面层装饰。

我国花岗岩的矿藏十分丰富,品种繁多。品种有红色系列、黄红色系列、青色系列、花白系列、黑色系列等多种,见表2-3。

花岗石品种系列   表2-3

系 列	红色系列	黄红色系列	青色系列	花白系列	黑色系列
品 种	四川红	岑溪橘红	芝麻青	白石花	淡青黑
	石棉红	东留肉红	米易绿	四川花白	纯黑
	岑溪红	连州浅红	攀西兰	白虎洞	芝麻黑
	虎皮红	兴洋桃红	南雄青	济南花白	四川黑
	樱桃红	兴洋橘红	芦花青	烟台花白	贵州黑
	平谷红	平谷桃红	青花	黑白花	烟台黑
	杜鹃红	浅红小花	菊花青	芝麻白	沈阳黑
	连州大红	樱花红	竹叶青	岭南花白	荣成黑
	连州中红	珊瑚花	济南青	花白	乌石锦
	玫瑰红	虎皮黄	细麻青		长春黑
	贵妃红				
	鲁青红				

3. 青石

青石是一种长期沉积形成的水成岩,材质较松散,呈风化状,可顺纹理劈成薄片,一般不磨光,加上其由暗红、灰、绿、蓝、紫等不同颜色掺杂使用,具有山野风情的装饰效果,往往在某些特色建筑装饰或园林建筑上使用。

4. 水磨石板

水磨石饰面板是用白色或彩色石粒、颜料、水泥、中砂等材料经过选配制坯、养护、磨光打亮而成。色泽品种较多,表面光滑,美观耐用。常用于建筑物的楼地面、柱面、踏步、踢脚板、窗台板、隔断板、墙裙和基座。

5. 合成饰面板

合成饰面板即人造大理石(花岗石)饰面板。是以石屑、石粒为主要填料,以树脂为胶粘剂,以及适量的阻燃剂、稳定剂、颜料等制成。由于人造石板具有重量轻、强度高、耐腐蚀、耐污染、施工方便等优点,而且图案、花纹等可人为控制,是室内装饰应用广泛的材料。

二、天然石材安装的基本构造

1. 板材的排列设计

由于饰面板的造价较高,大部分用在装修标准较高的工程上。因此,在施工前必须对饰面板在墙面和柱面上的分布进行排列分配设计。一般要考虑墙面的凹凸部位尺寸,门窗等开口部位的尺寸,尽量均匀分配块面,并应将饰面板的接缝宽度包括在内(图2-22)。对于复杂的造型面(圆弧形及多边形)还应实测后放足尺大样进行校对,最后计算出板块的排档,并按安装顺序编上号,绘制分块大样详图,作为加工订货及安装的依据。

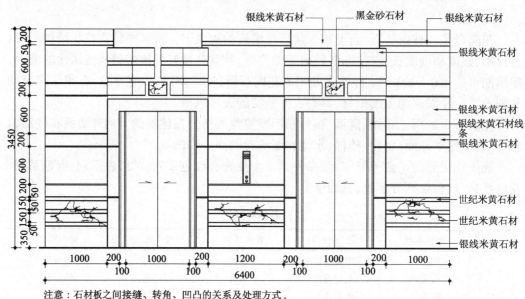

注意:石材板之间接缝、转角、凹凸的关系及处理方式。

图2-22 饰面板的排列设计示意(某电梯厅)

2. 墙体的基面处理

在安装饰面板之前,对墙、柱的基面进行必要的处理,这是防止饰面板安装后产生空鼓、脱落的关键。

无论是砖墙或柱,还是混凝土墙或柱,基层底涂的处理同抹灰饰面的底涂处理是一样的,先要使墙柱基面达到平整,然后要对基面进行凿毛处理,凿毛深度应为5～15mm,凿坑间距不大于30mm。还必须用钢丝刷清除基面残留的砂浆、尘土和油渍,并用水冲洗。

3. 饰面板的安装

不论大理石饰面板还是花岗石饰面板,都分为镜面和细琢面。安装方法有两种:一种是"贴",一种是"挂"。小规格的板材(一般指边长不超过400mm,厚度在10mm左右的薄板)通常用粘贴的方法安装,这与面砖铺贴的方法基本相同,这一节不予讨论。本节着重讨论大规格饰面板的安装方法。大规格饰面板是指块面大的板材(边长500～2000mm),或是厚度大的块材(40mm以上)。这样的板材重量大,如果用砂浆粘贴有可能承受不了板块的自重,引起坍落。所以,大规格的饰面板往往采用"挂"的方法。

(1)绑扎法(图2-23) 磨光的大理石和花岗石板往往比较薄,一般采用金属丝绑扎的方法固定。1)首先按施工大样图要求的横竖距离焊接或绑扎钢筋骨架。方法是,先剔凿出墙面或柱面内的预埋钢筋环,然后插入φ8mm的竖向钢筋,在竖向钢筋的外侧绑扎横向钢筋,其位置低于饰面板缝2～3mm为宜。2)饰面板预拼排号后,要按顺序将板材侧面钻孔打眼。常用的打孔法是用4mm的钻头直对板材的端面钻孔,孔深15mm,然后在板的背面对准端孔底部再打孔,直至连通端孔,这种孔称之为牛鼻子孔。另一种打孔法是钻斜孔,孔眼与面板呈35度左右。3)安装时,只要将16号不锈钢丝或铜丝穿入孔内,然后将板就位,自下而上安装,将不锈钢丝或铜丝绑扎在墙体横筋上即可。4)最后是灌浆,一般用

1:3水泥砂浆分层灌筑,先灌板高的1/3,待固定金属丝绑扎处理后2h,再灌上部的浆,直至灌到离上部绑轧处30mm处为止,余量作为上层板材灌浆接缝。这样做的好处是面层的整体性强。5)全部板安装完毕,必须按板材颜色调制水泥色浆嵌缝,边嵌边擦干净,如面层光泽受到影响,要立即打蜡上光,这样才会使磨光的天然石材光彩照人。

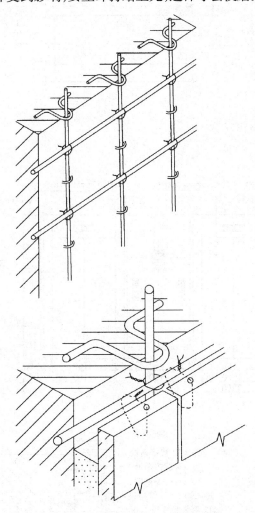
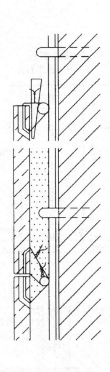

图 2-23 绑扎法

(2)干挂法(图 2-24)

细琢面或毛面的大理石、花岗石板材以及有线脚断面的块材,由于面块较厚,一般用干挂法即通过镀锌锚固件与基体连接。

干挂法的工序比较简单,装配的牢固程度比绑扎法高,但是锚固件比较复杂,施工操作一般要专业施工队。锚固件有扁钢锚件、圆钢锚件和线型锚件等。因此,根据其锚固件的不同,板材开孔的形式也各不相同。

(3)粘贴法(图 2-25)

对于碎的磨光花岗石片、大理石片以及青石板的安装,因其规格较小,一般可采用粘贴的方法安装。

小型石板的粘贴与粘贴外墙面砖的做法相似。其基体处理、抹找平层砂浆与抹灰层的操作是相同的。石板浸透后,取出阴干备用。粘结砂浆采用聚合物水泥砂浆,常用1:2 水泥砂浆内掺入水泥量5%~10%的108胶。全部石板粘贴完毕后,应将板面清理干净,并按板材颜色调制水泥浆嵌缝,边嵌边擦净,要求缝隙密实、颜色统一。

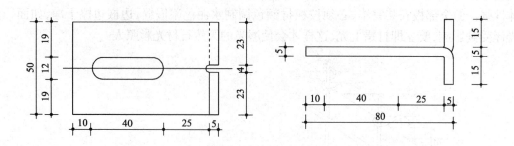

不锈钢干挂件大样图

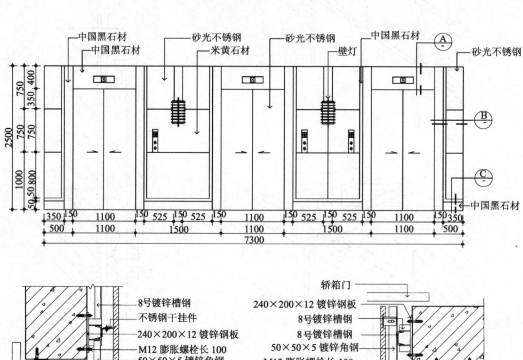

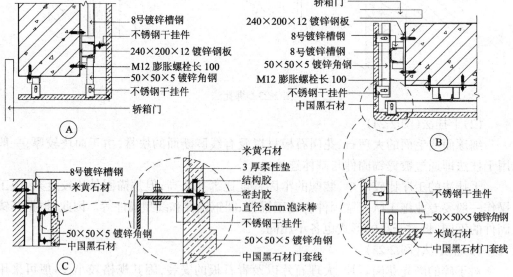

图 2-24 干挂大理石

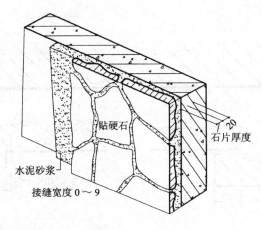

图 2-25 粘贴法

三、石材饰面的细部构造

板材类饰面的施工安装中,除了应解决饰面板与墙体之间的固定技术外,还有一个关键的问题是处理好各种交接部位的构造,各种不同的接缝处理形式与外观效果是密切相关的。这些问题更体现出构造是一门有关设计的课程而非一成不变的规范。

交接部的细部构造主要涉及到墙面的板材接缝、门窗开口部板材的接缝、檐口、勒脚、柱子及各种特殊的凹凸面拐角的板材接缝(图 2-26、图 2-27、图 2-28、图 2-29)。

饰面板的接缝宽度　　　　　表 2-4

项次	名	称	接缝宽度(mm)
1	天然石	光面、镜面	1
2	天然石	粗磨面、麻面、条纹面	5
3	天然石	天然面	10
4	人造石	水磨石	2
5	人造石	水刷石	10

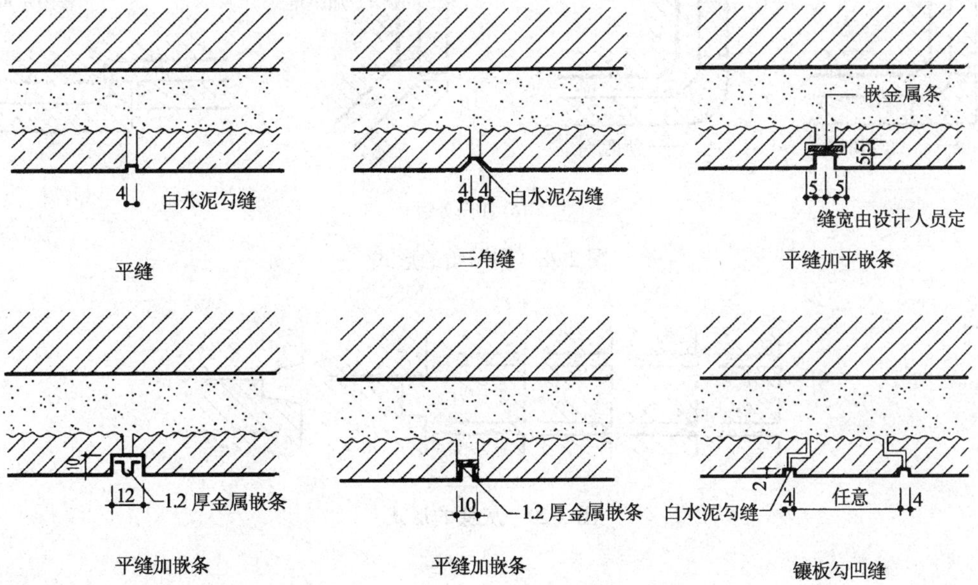

图 2-26 水平接缝

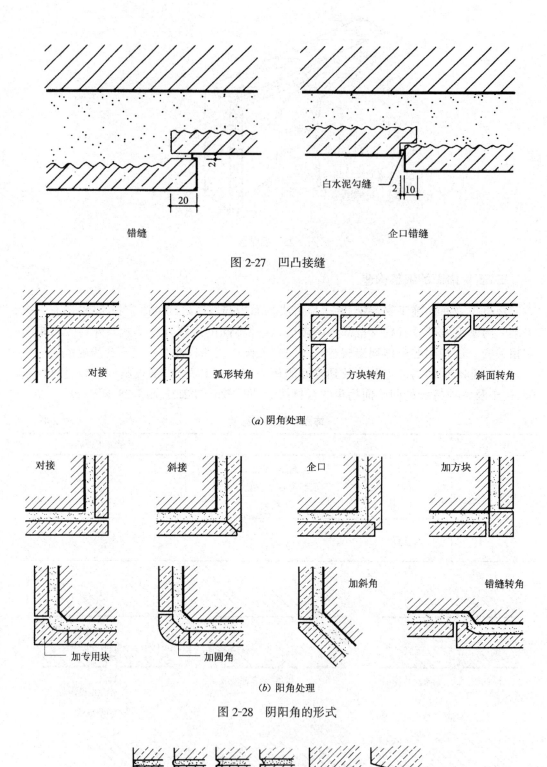

图 2-27 凹凸接缝

(a) 阴角处理

(b) 阳角处理

图 2-28 阴阳角的形式

图 2-29 灰缝的形式

第五节 罩面板饰面

▷ **关键点**
- 普遍使用的罩面类饰面板
- 基本构造方式
- 细部处理

罩面板类饰面,是建筑装饰中的一种传统的,但也是新发展起来的饰面工艺方法。说它是传统的饰面方法,是因为护墙板、木墙裙等的应用已经有多年的历史。说它是新发展起来的建筑装饰,是因为大量新型板材如不锈钢板、铝板、搪瓷板、塑料板、镜面玻璃等在现代建筑装饰中得到大量应用。由于各类罩面板具有安装简便、耐久性好、装饰性强的优点,并且大多是用装配法干式作业,所以得到装饰行业的广泛应用(见文前彩页)。

一、罩面板的功能与类型

罩面板用于面层装饰主要有两个方面的作用:其一是装饰性,饰面板所用材料的品种、质感、颜色等均多种多样,可以用于不同的场合营造出不同的室内气氛;其二是功能性,具有保温、隔热、隔声、吸声等作用,例如以铝合金、塑料、不锈钢板为面层,以轻质保温材料(如聚苯乙烯泡沫板、玻璃棉板等)为芯层制成的复合装饰板具有保温隔热的性能。在一些有声学要求的厅堂内,饰面板本身或饰面板与其他材料共同作用起到吸声的作用。

罩面板按材料不同主要有以下几类:木质类、金属类、塑料类、玻璃类等等。

二、罩面板的构造

1. 木质罩面板

(1)基本构造(图2-30) 木质罩面板主要由三部分组成:基层、龙骨(连接层)、面层。基层的处理是为龙骨的安装做准备,过去通常是在砌砖时预埋木砖,但这样的做法很难准确的定位,缺少灵活性。现在通常是根据龙骨的分档尺寸,在墙上加塞木楔,当墙体材料为混凝土时,可用射钉枪射入螺栓。木龙骨的断面一般采用 20~40mm×40mm,木骨架由竖筋和横筋组成,竖向间距为 400~600mm 左右,横筋可稍大,主要按板的规格来定。现在为了减少现场的操作量,多使用成品龙骨,龙骨多为 25mm×30mm 带凹槽,拼装为框体的规格通常为 300mm×300mm 或 400mm×400mm,对于面积不大的罩面板骨架,可在地面上一次性拼装再将其钉上墙面,对于大面积的龙骨架,可先做分片拼装,再连片组装固定在墙面。为了防止墙体的潮气使面板出现开裂变形或出现钉锈和霉斑,同时木质材料属于易燃物质,因而必须进行必要的防潮、防腐、防火处理。面层材料主要有板状和条状两种。板状材料如胶合板、膜压木饰面板、木丝板等,可采用以下三种方法:枪钉或圆钉与木龙骨钉牢、钉框固定、用大力胶粘结,通常几种方法结合起来效果最好;条状材料通常是企口板材,可进行企口嵌缝,依靠异型板卡或带槽口压条进行连接,以减少面板上的钉固工艺而保持饰面的完整和美观。

(2)细部处理 不论哪种材料的墙体饰面,诸如水平部位的压顶、端部的收口、阴角和阳角的转角、墙面和地面的交接处理等,都是装饰构造设计的重点和难点,因为它不仅关系到美观问题,对功能影响也很大。

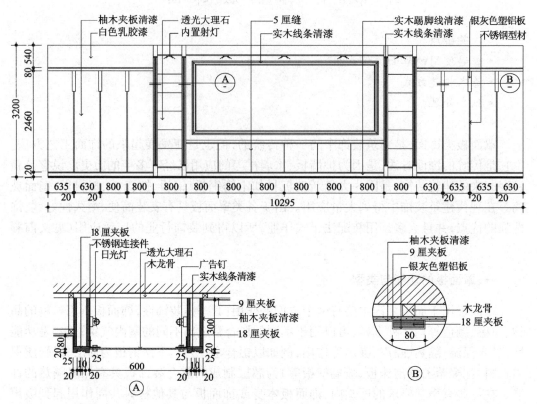

图 2-30 木质罩面板

下面我们就木质罩面板的各个部位进行示例,但所示做法并不是一成不变的,要根据实际需要进行设计:

- 上部压顶主要有两种情形:一种是木质罩面板与吊顶相接(图 2-31),一种是压顶在墙的中间部位结束,踢脚板的处理有多种多样(图 2-32);
- 板缝的处理(图 2-33);
- 内外转角的处理(图 2-34)。

2. 金属罩面板

在现代建筑装饰中,金属制品得到广泛使用,如柱子外包不锈钢板或铜板、墙面贴铝合金板、金属板材与石材搭配的饰面等等,尽显金属材料的美感。金属罩面板材料种类繁多,因材料、造型和使用场所不同,其构造和施工做法也不同。在墙面装饰中,铝合金板较之不锈钢及铜等金属板材的价格便宜,易于成型,表面经阳极氧化或喷漆处理,可获得不同的色彩外观,所以金属被广泛应用。从固定原理上分析,主要有两大类型:一类是材质较宽较厚的板条或方板,用螺栓或自攻螺钉固定于型钢或木骨架上,安装方式较为牢固,多用于室外墙面;一类是配合特制的金属骨架,将板条卡在龙骨上,安装时不需要使用钉件,这种方式充分利用了这种金属薄板的弹性特点,多用于吊顶。金属罩面板的细部处理更多的是用特制的铝合金成型板来处理。

3. 镜面装饰墙

大型镜面玻璃墙的构造类似于木质罩面板,其基层与龙骨的做法基本相同,区别是

第五节 罩面板饰面

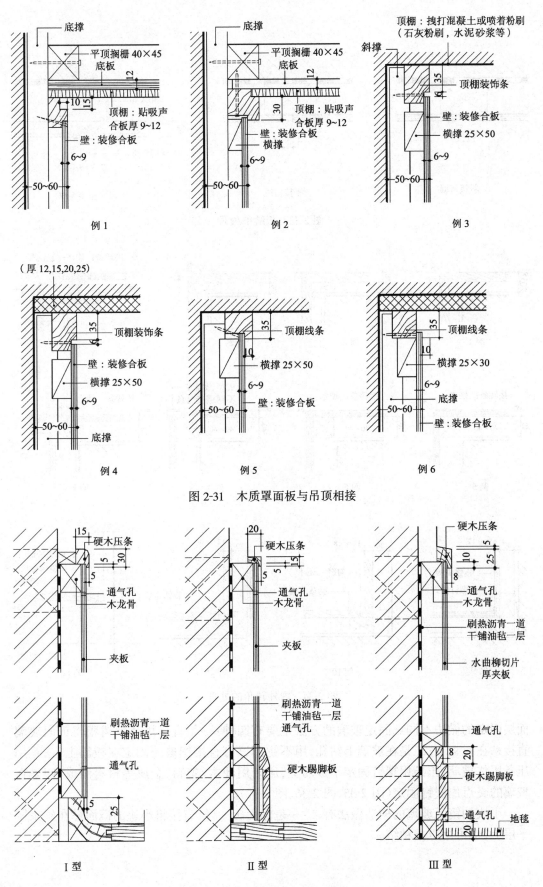

图 2-31 木质罩面板与吊顶相接

图 2-32 木质罩面板的压顶与踢脚

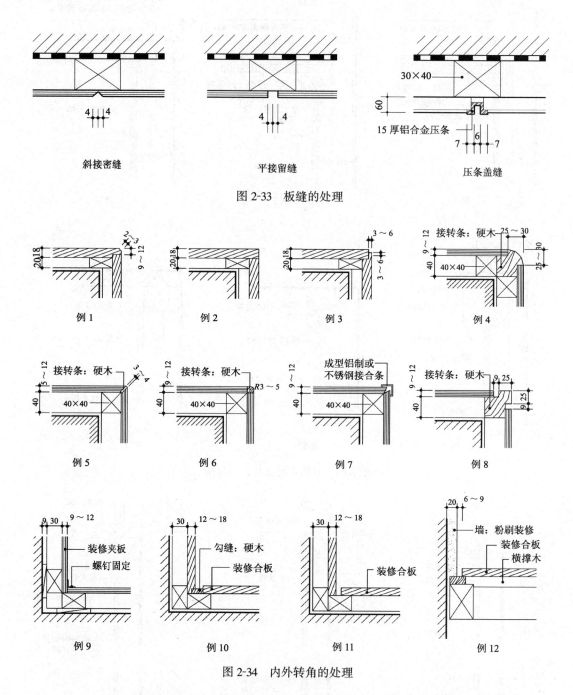

图 2-33 板缝的处理

图 2-34 内外转角的处理

面层固定的做法不同。固定玻璃的方法主要有四种：一是直接用环氧树脂将镜面玻璃直接粘在衬板上；二是在玻璃上钻孔，用不锈钢螺钉直接把玻璃固定在板筋上；三是用压条压住玻璃，压条用螺钉固定于板筋上，压条用硬木、塑料、金属等材料制成；四是在玻璃的交点用嵌钉固定（图 2-35、图 2-36、图 2-37）。

小块的镜面玻璃的构造做法有二：一是像面砖一样，直接将小块的镜面贴在砂浆罩平层上；也可用压条粘结。

第五节 罩面板饰面

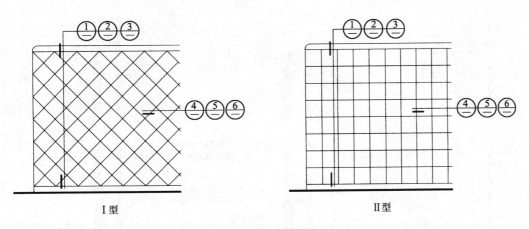

图 2-35 镜面墙立面

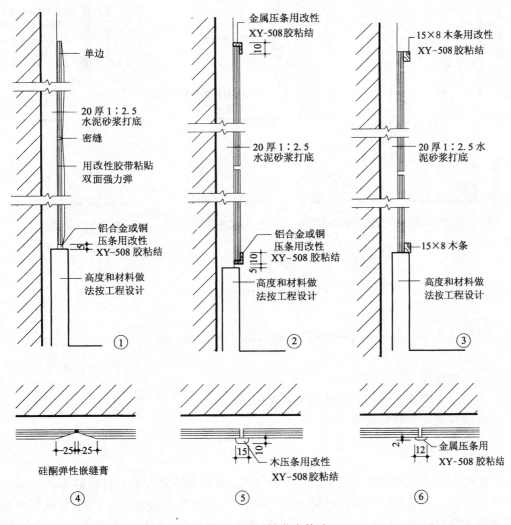

图 2-36 镜面墙节点构造

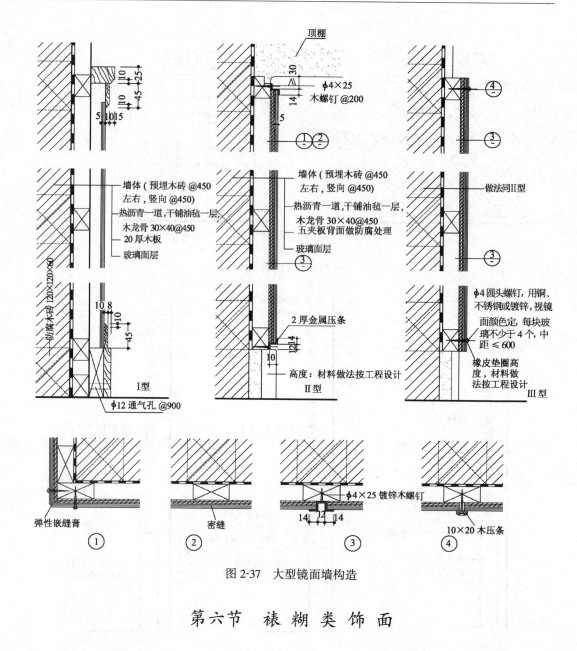

图 2-37 大型镜面墙构造

第六节 裱糊类饰面

⇨ **关键点**
- 裱糊类饰面材料的多种质感及装饰效果
- 裱糊类饰面粘贴要领
- 拼缝

裱糊类饰面一般是指用裱糊的方法将墙纸、织物或微薄木等卷材粘贴在内墙的一种饰面方法。这些卷材饰面在色彩、花纹和图案等方面装饰效果丰富多彩，并且可以模仿各种天然材料的质感和色泽，在使用上有很大的选择性；其次，这种饰面施工方便，所用材料是柔性材料，因此对于一些曲面、弯角等部位可连续裱糊，花纹的拼接严密，整体性好。

一、裱糊类饰面的种类及特点

裱糊类饰面卷材的种类繁多，分类方法尚无统一约定，按材料的特点来分包括以下五类：

1．纸面纸基墙纸

纸面纸基墙纸即在纸面上印花、压花大理石花纹图案、各种图案或其他装饰性花纹，其特点是透气性好，价格便宜，但由于它不耐水、不耐擦洗且容易破裂，故现在较少适用。

2．塑料墙纸

塑料墙纸是采用压延或涂布工艺生产的应用最为广泛的墙纸。按其外观效果分有浮雕墙纸、发泡墙纸、压花墙纸等；按功能特点分类有装饰性墙纸和特种墙纸（如防火墙纸、防霉墙纸、耐水墙纸、防结露墙纸等）。此外，还有一些特殊肌理的墙纸如彩砂墙纸、粒状碎屑塑墙纸等。

3．纺织物墙纸

纺织物墙纸是用丝、毛、棉、麻等纤维织成的墙纸，此种墙纸给人以柔贴、和谐及舒适的感觉。但这类墙纸价格偏高，不易清洗，且质软而易变形，故只适用于室内高级饰面裱糊。

4．天然材料面墙纸

天然材料面墙纸是用草、麻、木材、草席、芦苇等制成的墙纸，装饰后的效果会使居室环境具有一种返朴归真、情趣自然的格调。

5．金属墙纸

这是在基层上涂布金属膜制成的墙纸，具有不锈钢面、黄铜面等金属质感与光泽。此种墙纸给人一种金碧辉煌、庄重大方的感觉，适宜于气氛热烈的场所。

二、裱糊类饰面的构造施工

1．基本的裱糊工具

基本的裱糊工具有水桶、板刷、砂纸、弹线包、尺、刮板、毛巾和裁纸刀等等（图2-38）。

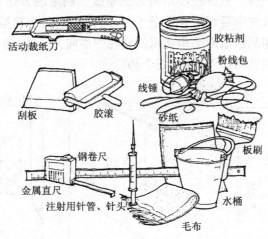

图2-38 裱糊工具

2．施工顺序（图2-39）

• 首先要处理墙面基层，然后弹垂直线，再根据房间的高度拼花、裁纸，接下来润纸，让纸张开，最后就可涂胶裱贴壁纸了。

• 凡是有一定强度的、表面平整光洁的基体表面都可作为裱糊墙纸的基层。裱糊前应先在基层上刮腻子，而后用砂纸磨平，以使裱糊墙纸的基层平整光滑、颜色一致。无论是新墙基层或是旧墙基层，最基本的要求是平整、洁净，有足够的强度并适宜与墙纸牢固粘结，必须清除一切脏污、飞刺、麻点和砂粒，以防裱糊面层出现凸泡与脱胶等现象。

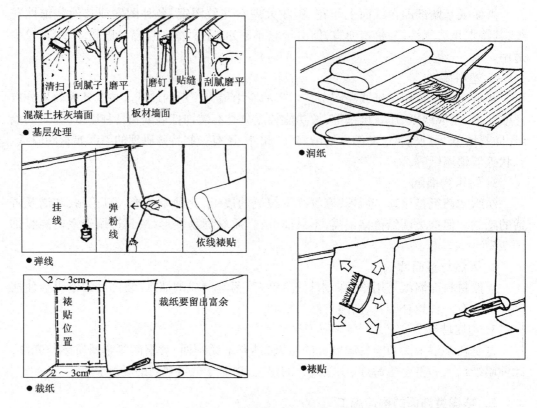

图 2-39　裱糊施工顺序

- 一般来说，裱糊壁纸的关键在于裱贴的过程和拼缝技术。第一张壁纸的裱贴不要以墙角的垂直线为依据，最好在墙角附近吊垂线。润纸的方法可以用排笔涂湿纸的背面，也可将壁纸浸入水中后再晾在绳子上沥干，而胶水只涂在墙上，然后将墙纸的一端先对线贴上去，再用刮板或湿毛巾将墙纸轻轻的推向另一边，边刮边赶气泡。贴完后若还有剩余气泡，可用针筒将气抽出（图 2-40）。

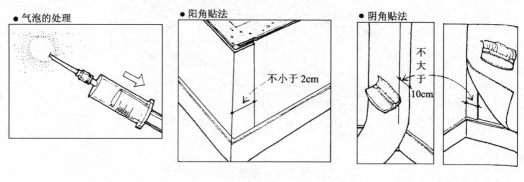

图 2-40　裱糊气泡及转角处理

3. 拼缝处理

拼缝处理的好坏直接影响墙纸裱糊的外观质量。拼缝的常见方式有拼接和对接两种，拼接是在裱糊时墙纸之间先搭接再通过裁接来拼缝；对接是指墙纸成品在出厂前已裁切整齐并满足了对花的要求，裱糊时直接对缝粘贴即可（图 2-41）。

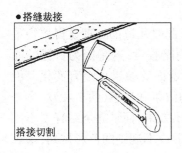 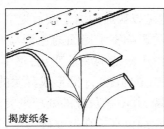 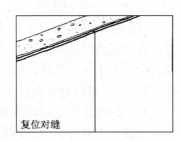

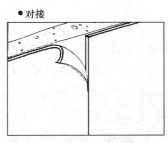 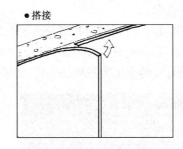

图 2-41 裱糊拼缝处理

第七节 清水墙饰面

⇨ **关键点**
- 清水墙的应用及美学价值
- 清水墙的细部与其他饰面的不同之处
- 清水混凝土饰面的效果与模板的选用

清水墙饰面是指墙体砌成之后,墙面不加其他覆盖性装饰面层,只是利用原结构砖墙或混凝土的表面进行勾缝或模纹处理的一种墙面装饰方法。具有淡雅凝重的装饰效果,而且其耐久性好,不易变色,不易污染,也没有明显的褪色和风化现象。即使是在新型墙体材料及工业化施工方法已居主导地位的今天,清水砖墙和清水混凝土墙仍在墙面装饰中占有重要的地位。

一、清水砖墙

1. 清水砖墙所用的砖

砖用作装饰的历史久远,某些装饰元件实质是功能性的。

清水砖墙通常用黏土砖来砌筑。黏土砖主要有青砖和红砖两种。在生产的过程中,烧结好在窑里自然冷却的砖,颜色是红色的,称为红砖;而淋水强制冷却的砖为青砖。还有一种过火砖,是垛在窑内靠近燃料投入口的部位,由于温度高而烧成的一种次品砖,颜色深红、质地坚硬,是装饰用的上好佳品,往往被用来砌筑建筑小品或室内壁炉部位的清水墙。

适宜于砌筑清水砖墙的砖,应该是土质密实,表面晶化,砖体规整,棱角分明,色泽一致及抗冻性好的黏土砖。一般用手工脱坯的砖才能达到。而机制砖比较疏松,砖块变形厉害,缺角严重,一般不适宜砌筑清水砖墙。近年来,国外生产了一些专门用于清水墙装饰的砖,如日本生产的劈裂砖,它的配料中含有小石屑和色粉,先压制成六孔砖,再从中间劈开成为两块三孔砖,劈裂而成的毛面向外,形成质感非常漂亮的清水墙,而且孔中可插钢筋和灌筑混凝土,使建筑具有良好的抗震能力。

2. 清水砖墙的装饰方法

清水砖墙的砌筑方法,一般是以普通的满丁满条为主,此时灰缝的处理显得尤为重要。改变灰缝的颜色能够有效的影响整个墙面的色调与明暗程度,这是因为灰缝的面积占砖墙面1/6的缘故。所以由于砖缝的颜色变化,整个墙面的效果也会有变化。但要注意,只有勾凹缝才会产生一定的阴影,才能形成鲜明的线条和质感(图2-42)。

有一种磨砖对缝的清水砖墙,并不靠灰缝的处理来突出效果,而是靠烧结程度不同的过火砖和欠火砖形成的深色和浅色穿插在普通砖当中,形成不规则的色彩排列,来表现丰富的装饰效果。

还有一种肌理变化,指的是将部分砖块有规律的突出或凹进墙面几个厘米的方法,形成一定的线型与肌理,并形成一些阴影,产生一种浮雕的感觉。上海的石库门住宅的清水砖墙转角部位,每隔几皮砖就突出三块长短砖,形成很好的转角收头,就是一个好例子(图2-43)。

图2-42 清水砖墙灰缝　　　　图2-43 石库门清水墙

3. 细部处理

清水砖墙建筑的勒脚、檐口、门套、窗台等部位,不能直接用砖来砌筑的时候,可以用粉刷或天然石材板进行装饰。但在门窗过梁的位置外表面也可以用砖拱来装饰,若为混凝土过梁时,可将过梁往里收入1/4砖左右,外表面再镶砖。

另外,脚手架选用应采用内脚手或独立式脚手架,以避免施工后填脚手架洞造成表面色差或疤痕。

勾缝多采用1:1.5水泥砂浆。可在砂浆里掺入颜色,也可勾缝后再涂颜色,前者较好。灰缝的处理形式主要有凹缝、斜缝、圆弧凹缝和平缝等形式(图2-44)。

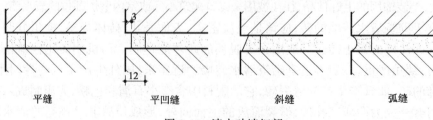

平缝　　　平凹缝　　　斜缝　　　弧缝

图2-44 清水砖墙细部

二、清水混凝土

在 1962 年,以英国的史密森夫妇为代表的粗犷派建筑师设计的一系列清水混凝土饰面建筑曾风靡一时,从此,清水混凝土饰面为人们所接受。现代日本建筑师安藤忠雄对清水混凝土的重新诠释,为清水混凝土饰面又揭开了新的一页(图 2-45、图 2-46)。

图 2-45　清水混凝土墙

图 2-46　清水混凝土墙

这些建筑物的墙面不加以任何其他饰面材料,而以精心挑选的木质花纹的模板,经设计排列,浇筑出很有特色的清水混凝土墙。目前,许多高架道路和大桥也用特制的钢模板浇筑出有曲度的栏板和立柱等。

清水混凝土墙装饰的特点是坚固、耐久、外表朴实自然,不会像其他饰面容易出现冻胀、剥离、褪色等问题。

清水混凝土装饰效果的好坏,关键在于模板的挑选和排列。拉接螺杆的定位要整齐而有规律。为了保证脱模时不损坏边角,墙柱的转角部位最好处理成斜角或圆角(图 2-47)。

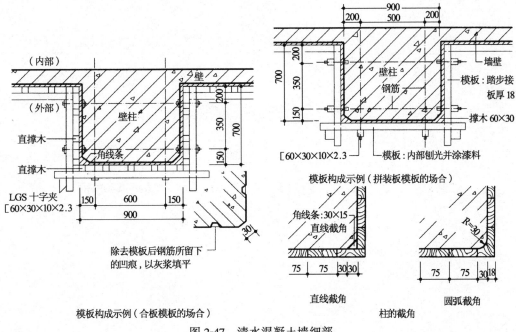

图 2-47　清水混凝土墙细部

为了使壁面有变化,也可将模板面设计成各种形状,有时也可将壁面进行斩刻,修饰成毛面。

本章作业

1. 对起居室(3600mm×4500mm,2800mm)进行墙面设计,要用两种或多种材料来实现,注意材料和构造选用的合理性、材料交接的处理与地顶的收头。

2. 某建筑外墙面的灰缝划分(注意灰缝划分的适当位置及与面层选用材料的关系)。

第三章　楼地面装饰

⇨ **关键点**
- 各种楼地板在构造上的共性
- 常用楼地面的构造做法
- 细部处理

第一节　概　述

建筑的室内地面是建筑工程中的重要内容,是人们日常生活、工作、生产、学习时必须接触的部分,也是建筑中直接承受荷载,经常受到摩擦、清洗和冲洗的部分。因此,除了要符合人们使用上、功能上的要求外,还必须考虑人们在精神上的追求和享受,做到美观、舒适。

一、室内地面装修的功能和要求

1. 创造良好的空间气氛

室内地面与墙面、顶棚等应进行统一设计,将室内的色彩、肌理、光影等综合运用,以便与室内空间的使用性质相协调。

2. 具有足够的坚固性,并保护结构层

装修后的地面应当不易被磨损、破坏,表面平整光洁,易清洁,不起灰。同时,装修后的饰面层对楼地面的结构层应起到保护作用,以保证结构层的使用寿命与使用条件。

3. 满足使用条件

(1)从人的使用角度考虑　地面装修材料导热系数宜小,具有良好的保温性能,以免冬季给人以过冷的感觉。考虑到人行走时的感受,面层材料不宜过硬,应具有一定的弹性。

(2)满足隔声的要求　地面要用有一定弹性的材料或用有弹性垫层的面层;对音质要求高的房间,地面材料要满足吸声的要求。

(3)有水作用的房间　地面应抗潮湿、不透水;有火源的房间,地面应防火、耐燃;有酸碱腐蚀的房间,地面应具有防腐蚀的能力。

二、室内地面的种类

室内地面的种类,可以从不同的角度进行分类:

1. 根据面层材料来分

水泥砂浆地面、水磨石地面、地砖地面、木地板地面、地毯地面等等。

2. 根据构造处理的方式不同来分

整体式地面　　（水泥地面、混凝土地面、水磨石地面、涂布地面）；
块材地面　　　（陶瓷地砖、石材地面、陶瓷锦砖地面）；
木质地面　　　（长条木地板地面、拼花木地板地面）；
人造软质地面　（地毯地面、橡胶地面、塑料地面）。

3. 根据用途的不同来分

防水地面、防腐蚀性地面、弹性地面、防火地面、保温地面、防湿性地面等。

装修时必须根据各种装修材料的特性与地面的用途综合考虑,选用构造做法和面层材料。低档的地面施工简便,基本不需要维修养护,价格便宜,但存在易返潮、起灰、开裂、冷、硬、响等问题。高档地面施工复杂,造价高,但性能稳定,因此要视经济条件灵活选用。

三、地面装饰的基本构造

地面装饰的基本做法因装修材料的种类及被要求的地面特性而异。大体来说,可以分为直接在混凝土楼地板上进行装修(直接装修)与在混凝土地板上面架设构架再在其上装修两种形式。

1. 直接装修式

方法一:一般以水泥砂浆作为找平层和结合层,使用的面层材料除水泥砂浆之外,还有地砖、塑料类地砖、地毯、橡胶地面等等,常常用于普通办公楼、住宅、学校、商店等建筑的室内地面,是最为普遍的一种类型,如图3-1(a)所示。

方法二:常用于一般浴室、厕所及其他需要水洗的房间(如水产店等)地面,因此必须做防水处理。即在混凝土地板上加防水层,并在其上灌筑轻质混凝土,以作为保护防水层之用,再在其上抹水泥砂浆底层,而后可以铺贴有防水性的瓷砖等装修材料。最普通的做法是直接涂上掺有防水剂的水泥砂浆,如图3-1(b)所示。

2. 底层架构装修式

底层构架的装修做法,一般如图3-1(c)所示的双层地板构造做法,图3-1(d)所示的构造做法为防静电的地面做法。

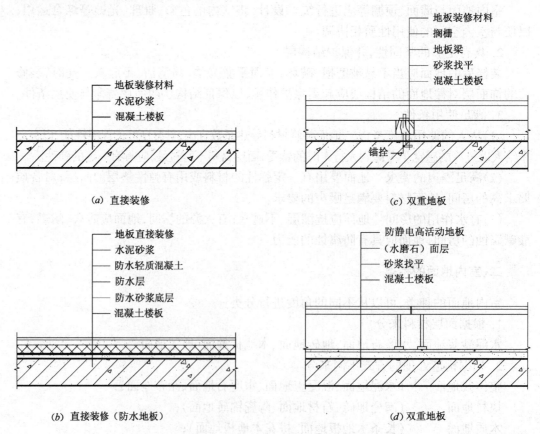

图3-1 地面装饰基本做法

上述几例是最基本的几种做法,根据实际的需要,还可以在结构层与面层间增加隔声层、保温层。

四、踢脚的构造

室内地面的墙脚部位一般设踢脚板,一方面保护墙体,使墙体免受外力冲撞而损坏,或在清洗地面时被污染;另一方面也是美观的要求。

踢脚所用材料一般与地面材料相同,如水泥砂浆地面用水泥砂浆踢脚、石材地面用石材踢脚等。但在材料和技术允许的情况下,也可以有不同材料之间的搭配,例如(图 3-2)花岗石地面配不锈钢踢脚。踢脚高度一般为 100~150mm。

图 3-2 踢脚与地面不同材料的搭配

1. 粉刷类踢脚

粉刷类踢脚做法与地面基本相同,只是为了与上部墙面区分,踢脚部分可凸出、凹入或做凹缝(图 3-3)。

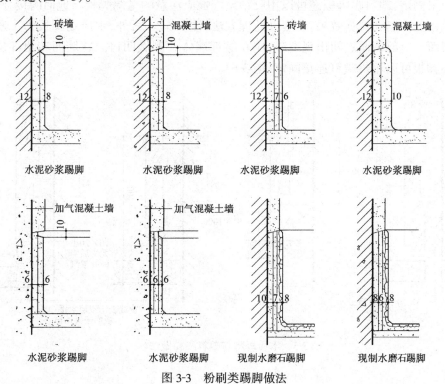

图 3-3 粉刷类踢脚做法

2. 铺贴类踢脚

铺贴类地面踢脚因材料不同而有不同的处理方法。常见的有：预制水磨石踢脚、陶板踢脚、石板踢脚等(图3-4)。有时为了避免与上部墙面交接的生硬感,可做成斜角、留缝(与木装修墙面间)等。

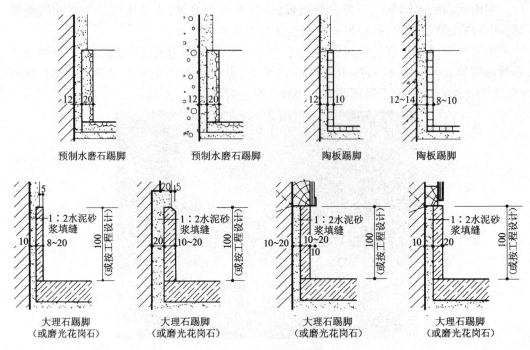

图3-4 铺贴类踢脚

3. 木质踢脚与塑料踢脚

木质踢脚板与塑料踢脚板的做法较复杂,过去多以墙体内预埋木砖来固定,现在多用木楔来固定,塑料踢脚板还可以用胶粘贴。惟应注意的是踢脚板与地面的接合处,考虑到地板的伸缩和视觉效果,有多种处理方法(图3-5)。另外,木质踢脚板为了避免受潮反翘而与上部墙面之间出现裂缝,应在靠近墙体一侧做凹口。在墙面转角部位的铺贴类踢脚板可以用蚂蟥钉连接固定(图3-6)。

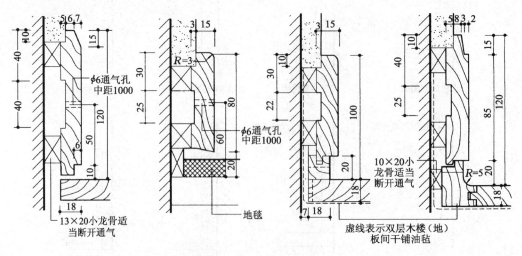

图3-5 木质踢脚与塑料踢脚做法(一)

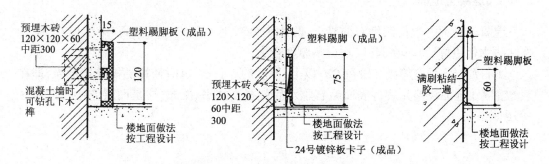

图 3-5 木质踢脚与塑料踢脚做法(二)

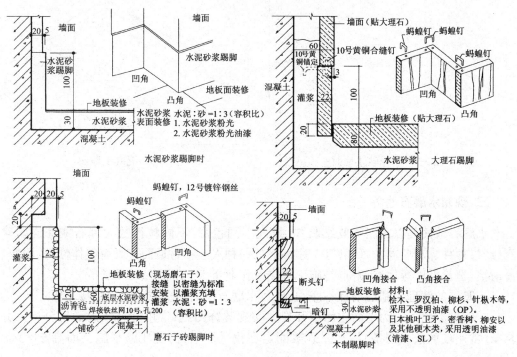

图 3-6 转角处踢脚做法

第二节　整体式楼地面

整体式楼地面构造做法大多是土建施工工艺,楼地面面层无接缝,构造做法分两层:基层和面层。基层对任何面层而言都要求具有一定的强度及表面平整度。

一、砂浆楼地面

水泥砂浆地面是应用最普及、最广泛的一种地面做法。其优点是造价较低、施工简便、使用耐久;缺点是施工操作不当在使用中易产生起灰、起砂、脱皮等现象。

水泥砂浆地面若分两层,其基本做法为:通常用 1:3 水泥砂浆 20 厚打底,再用 1:2 水泥砂浆 5~10mm 抹面。要注意面层水泥砂浆的配比,水泥量偏少时,地面强度低且容易起砂;水泥量偏多时,地面容易产生裂缝。除普通做法外,亦有在表面做瓦垄状、齿痕状、螺旋状纹路的防滑地面;也可在水泥砂浆中掺入颜色,做成有色面层。

二、混凝土地面

混凝土地面一般使用细石混凝土,与水泥砂浆地面相比它强度高、干缩值小,耐久性和防水性更好,且不易起砂;缺点是厚度较大。

细石混凝土强度等级一般在 C20 以上,厚度约 40mm。有时使用随捣随抹面层,即在现浇混凝土地面浇捣完后待表面略有收水后就提浆抹平、压光,这是面层兼垫层的做法(图 3-8)。

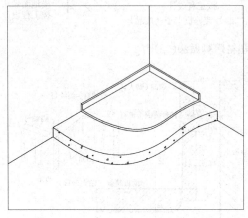
图 3-7 水泥砂浆地面

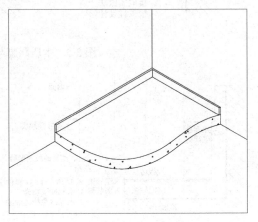
图 3-8 混凝土地面

三、现制水磨石地面

水磨石地面是以水泥为胶结材料,掺入不同色彩、不同粒径的大理石或花岗岩碎石,经过搅拌、成型、养护、研磨等工序而成的一种人造石材地面。具有整体性好、耐磨、易清洁、造价低廉等优点,缺点是施工现场湿作业量大、工序多、工期长。

- 基层的清理　基层清理不净,会导致水磨石地面的空鼓、裂缝、粘接不牢。
- 镶嵌分格条　为了防止面层开裂并实现装饰图案,常用分格条给面层分格。分格条(常用玻璃条或铜条)用水泥砂浆固定在找平层上,高度比磨平施工面高 2~3mm(图 3-9)。

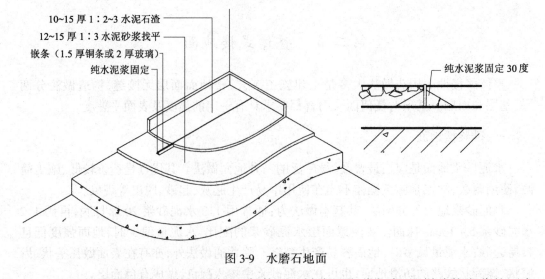
图 3-9 水磨石地面

- 面层　面层要有一定的厚度,以便使石碴被水泥充分包裹,这样才能充分的固定石碴。铺设时其厚度要高出分格条 1~2mm,以防压弯铜条或压碎玻璃。最后再磨光、打蜡处理。

四、涂布楼地面

涂布地面是指以合成树脂代替水泥或部分代替水泥,再加入颜料填料等混合而成的材料,在现场涂布施工硬化后形成的整体无接缝地面。特点是无缝,易于清洁,并具有良好的耐磨性、耐久性、耐水性、耐化学腐蚀性能。常用于办公场所、工业厂房及大卖场等。

涂布地面不同于前些年较多使用的涂料地面,涂料地面是用涂料直接涂刷在水泥地面上,所形成的涂层较薄、耐磨性较差,造价又高,所以逐渐被淘汰。

第三节　块材式楼地面

块材式楼地面是指以块状材料(如陶瓷锦砖、水泥砖、天然大理石、花岗石等)铺砌而成的地面。具有耐磨、强度高、刚性大等优点,适用于人流活动频繁及潮湿的场所。因块材地面属于刚性地面,保温隔声性能差,不宜用于舒适感要求较高的地方如宾馆、居室、疗养院等。

一、陶瓷地砖

陶瓷地砖是以优质陶土为原料,加上其他材料系高温烧制而成,表面致密光滑、质地坚硬、耐磨,防水性能好。主要尺寸见表(墙砖)。

基本构造做法:

1. 基层处理和找平

基层在找平前必须清理干净,如基层是混凝土楼板还需凿毛。然后用 1:3.5 的水泥砂浆厚度不小于 10mm 作为砂浆结合层。

2. 面层的铺设与处理

铺设时用 1:2 的水泥砂浆粘贴地砖(图 3-10)。铺贴根据分配图施工,一般从门口或中线开始向两边铺砌,如有镶边应先铺砌向镶边部分,余数尺寸以接缝宽度来调整;若不能以接缝宽度处理时,则在墙角放入界砖进行调整。最后用 1:1 砂浆扫缝,打蜡处理。

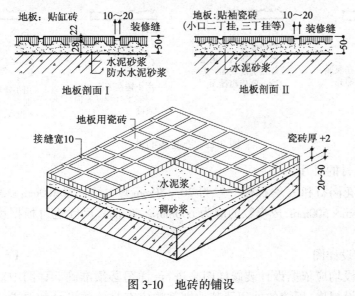

图 3-10　地砖的铺设

二、石材的铺设

石材用于室内地面的装修应用非常普遍,天然石材使用最多的是大理石和花岗石两种,这两种石材颜色多样,纹理变化丰富;人造石材有水磨石和假石等。石材铺地广泛应用于宾馆、饭店、纪念堂、银行、候机厅等建筑。

根据室内设计的不同要求,石材可以做成规则或不规则形状铺装,表面可以做成不同的光滑程度,在公共建筑中采用磨光的做法较多。

1. 石材地面的基本构造(图 3-11)

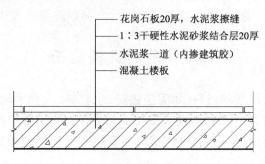

图 3-11 石材的铺设

- 底层要充分清扫、湿润;石板在铺设前一定要浸水湿润,以保证面层与结合层粘接牢固,防止空鼓、起翘等通病。
- 结合层宜使用干硬性水泥砂浆,其配合比常用 1:1~1:3(水泥:砂)体积比。
- 待板块试铺合格后,应在干硬性水泥砂浆上再浇一层薄水泥浆,以保证整个上下层粘接牢固,然后镶铺石板。接缝一般为 0~10mm 凹缝。此外,铺贴白色大理石时,为防止底层水泥砂浆的灰泥渗出,在石板的里侧须先涂柏油底料及耐碱性涂料后方可铺贴(图 3-12)。

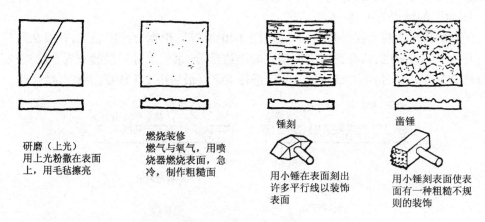

图 3-12 石材表面处理

2. 天然石材的尺寸

铺地用的花岗石和大理石板一般为 20~30mm 厚,大小为 300mm×300mm、400mm×400mm、500mm×500mm,成模数的应为 600mm×600mm,尺寸也可根据设计需要预定加工。

3. 石材铺设详图

石材的铺设均应依据设计装修详图来进行,详图必须准确。详图中对石板的颜色搭配、拼画、铺设规格、板缝的处理及其他细部均应有具体的设计和要求。我们作为一名合格的设计师必须具备装修做法如何实施的表达能力(图3-13)。

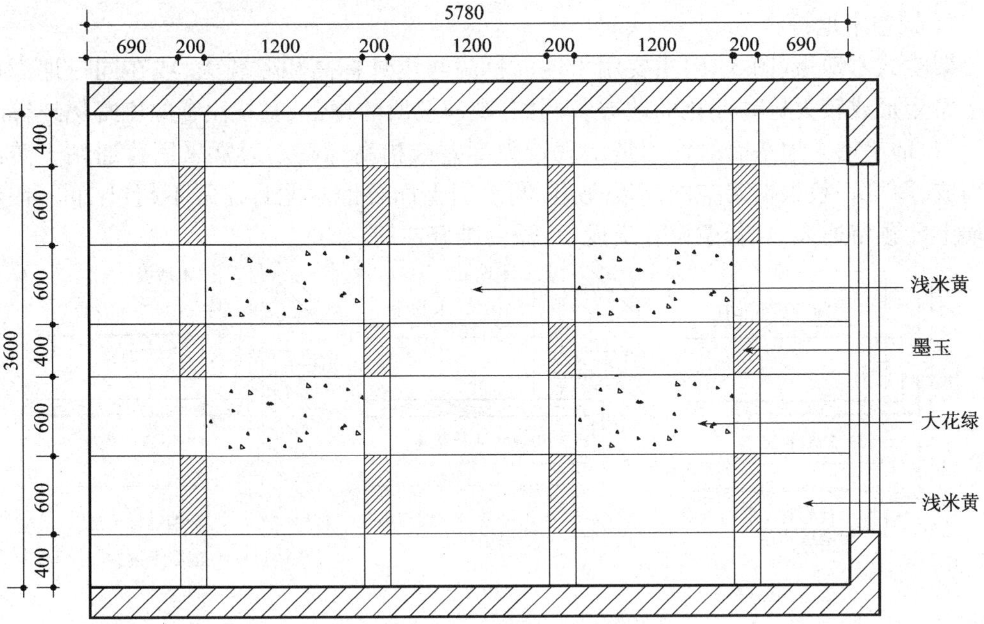

图3-13 石材铺设详图示意

第四节 木质楼地面

木质楼地面是指表面铺钉或胶合木板而成的地面。其优点是富有弹性、质感舒适、不起灰、易清洁、不泛潮,纹理美观具有良好的装饰效果,常用于住宅的室内装修中。随着木质地面材料本身及构造、施工方法的不断改进创新,木质地面燃烧性能等级差、不耐磨、防水性能差,易虫蛀、易出现裂缝等不足均得到改善或被克服。

一、木质楼地面的基本材料

1. 面材

(1)纯木板 纯木材的木地面是指以柏木、杉、柚木、紫檀等有特色木纹与色彩的木材做成的木地板,要求材质均匀,无节疤。

(2)复合木地板 复合木地板是一种两面贴上单层面板复合构造而成的木地板(图3-14)。

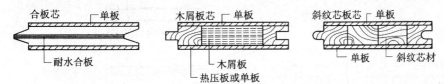

图3-14 复合木地板构造

2. 基层材料

基层材料主要有水泥基层和木基层。

(1)水泥砂浆基层或混凝土基层主要用于粘接法施工的木地板,即将木地板直接用粘接剂粘在水泥基层上,所以要求水泥基层要满足前面讲到的水泥砂浆地面的要求。

(2)木质基层是指在木质面层下面铺设木质龙骨或面板的做法,我们常见的实铺木地板和架空木地板就属于这类做法。

二、木质楼地面的基本构造

1. 架空木地板

架空式木地板(图 3-15)主要用于地面标高与设计标高相差较大,或在同一地面标高上希望形成较大标高变化的地方。例如:观演场所的舞台、竞技比赛的比赛场地等。

(1)地垄墙　地垄墙的作用是出现较大高差或抬高标高。通常采用普通粘土砖砌筑而成,厚度一般根据架空的高度而定,间距因上面要铺木龙骨通常不超过 2m。在地垄墙上要预留通风口,若架设管道设备,需要维修空间。

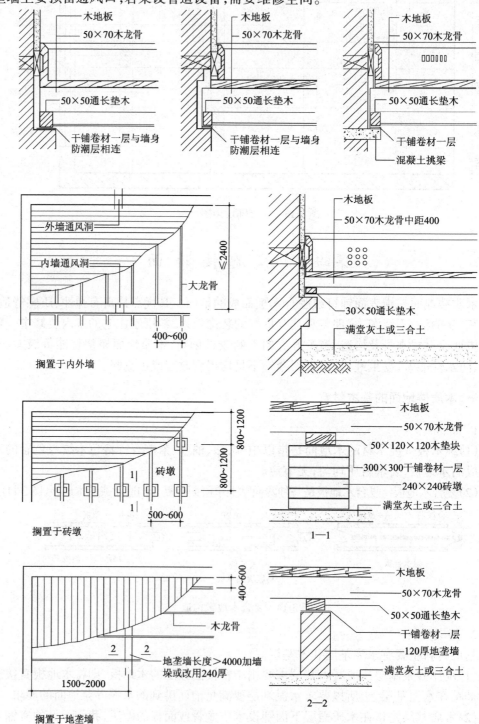

图 3-15　架空木地板构造

(2)木质骨架及基层的形成

1)在地垄墙与搁栅之间用垫木连接,垫木用预埋在地垄墙中钢丝绑扎固定,并做防腐处理。

2)垫木与地垄墙相垂直并在其上铺木搁栅,断面尺寸应根据地垄墙的间距来确定,一般间隔为400mm左右,并在木搁栅之间加剪刀撑,以增强整个地面的强度。

3)在木搁栅上铺毛地板(木板条)一层,表面平整但不要求密缝,须注意的是,毛地板的铺设方向因面层材料的不同而不同。

(3)面层的固定 将面层材料用专用地板钉固定在龙骨上,面板之间一般采用企口或错缝(图3-16)的形式铺装。

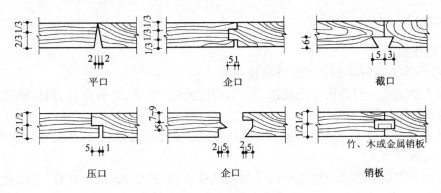

图3-16 木地板的拼缝形式

2. 实铺木地面(图3-17)

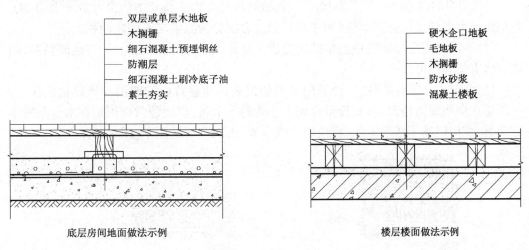

图3-17 实铺木地板

实铺式木地面是指直接在实体基层上铺设木搁栅的地面。

(1)木搁栅 由于木搁栅直接放在结构层上,所以搁栅的截面尺寸较小,一般在50mm×50mm,间隔450mm左右。搁栅可以借助结构层内的"U"形铁件嵌固定或用镀锌钢丝扎牢。有时为了提高地板弹性,可以做成纵横两层搁栅。搁栅下面可以放入垫木,以调整不平坦的情况。为了防止木材受潮而产生膨胀,在木搁栅与混凝土接触的底面上要做防腐处理。

(2)毛地板 有些块材较小的面层材料不能直接固定在木搁栅上,就需要在木搁栅与面层材料间增加一层木板条层,称为毛地板。它的铺设方向与面层材料有关。在毛地板与面层之间应加铺一层油毡纸,起缓冲的作用以避免噪声,同时防潮。

(3) 面层的固定　一般使用地板钉来固定。

3. 粘贴式木地板

粘贴式木地面由于不铺设木搁栅，而且省工，简便易行，所以工程造价会大大降低。在等级要求不高的木地面的装饰工程中得到广泛应用。面层与基层的连接，可以采用水泥砂浆或用专用胶粘接。为了防潮，木砖面层下面涂刷冷底子油。

第五节　人造软质楼地面

人造软质地面包括地毯地面、橡胶地面和塑料地面。

一、地毯

1. 地毯的种类

地毯分为天然纤维和合成纤维地毯两类。

(1) 天然地毯一般是指羊毛地毯，柔软、温暖舒适、豪华、富有弹性，但价格昂贵，其耐久性比合成纤维差。

(2) 合成纤维地毯包括丙烯酸、聚丙烯腈地毯、聚醋纤维地毯、烯族烃纤维和聚丙烯地毯、尼龙地毯等。

(3) 国外按面层织物的织法不同分为栽绒地毯、针扎地毯、机织地毯、编织地毯、粘结地毯、静电植绒地毯等。

2. 地毯的固定

地毯自身的构造包括面层、粘接层、初级被衬和次级被衬，编织方法也有多种(图3-18)。在地面上可满铺也可局部铺设(图3-19)，铺设方法分为固定与不固定两种。

(1) 不固定式是将地毯裁边粘接拼缝成一整片，直接摊铺于地上，不与地面粘贴，四周沿墙脚修齐即可。

(2) 固定式方法有两种，一种是用施工粘接剂将地毯背面的四周与地面粘接住，另一种是在房间周边地面上，安设带有朝天小钩的木卡条，将地毯背面固定在木卡条的小钉钩上，或用铝或不锈钢卡条，将地毯边缘卡紧，再固定于地面上(图3-20)。

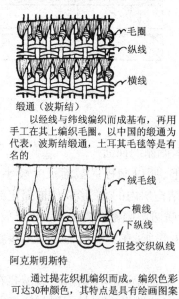

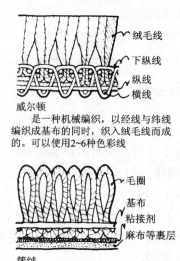

图 3-18　地毯的构造

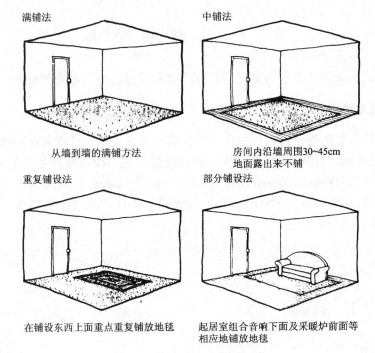

图 3-19 地毯的铺设形式

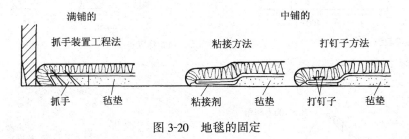

图 3-20 地毯的固定

3. 地毯的裁剪

地毯的裁剪应使用裁边机,按房间尺寸形状,每段地毯的长度要比房间长约 20mm。地毯拼接时应用麻布狭条衬在两块待拼的地毯下,将施工粘结胶刮在麻布带上,然后把地毯拼接粘牢,并使用张紧器将地毯张平、铺服帖,不起拱。

4. 地毯的收边(图 3-20)

二、塑料地板

塑料地板(及塑料卷材地面),是曾风靡一时的地面装饰材料,它不仅具有独特的装饰效果,而且具有脚感舒适、不易粘尘、噪声小、防滑、耐磨等优点。在德国塑料制成板块地板和弹性泡沫地板;在日本较广泛应用凹凸花纹多层发泡弹性卷材地面;在法国则别具一格的将聚氯乙烯树脂和软木颗粒复合成弹性地板。

在我国常用的产品有聚氯乙烯塑料地板(简称 PVC 地板)、氯醋塑料地板、钙塑地板、聚丙烯塑料地板和氯化聚乙烯卷材地面等。

塑料地面的铺贴方式有两种:一种是将塑料地面直接铺贴在基层上,适用于人流量小及潮湿的房间;一种是胶粘铺贴,用粘接剂与基层固定,粘接剂的选择应视面层材料而定。

第六节 特种楼地面

特种地面是指那些为了满足室内的特殊要求而经过特殊处理的地面。

一、弹性木地板

弹性木地板是用弹性材料如橡皮、木弓、钢弓等来支撑整体式骨架的木地板。常用于体育用房、排练厅、舞台等具有弹性要求的地面。其中橡皮垫块用的最多,橡皮垫块及木垫块尺寸为100mm×100mm厚度分别为7mm和30mm,采用这种橡皮垫块时应将三块重叠使用,垫块中距约1200mm,其上再架设木搁栅。其他如成型橡皮垫块、钢弓、木弓等(图3-21)。

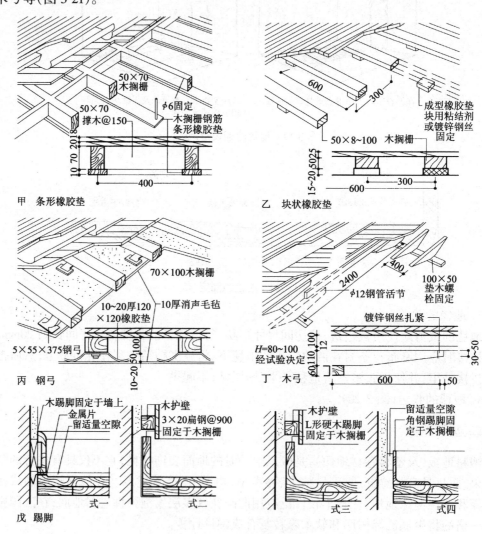

图 3-21 弹性木地板

二、活动地板

活动地板也称装配式地板或活动夹层地板,是由各种规格型号和材质的面板块、龙骨、可调支架等组合拼装而成的一种架空装饰地面,其一般构件和组装形式如图(图3-22)。

第六节 特种楼地面

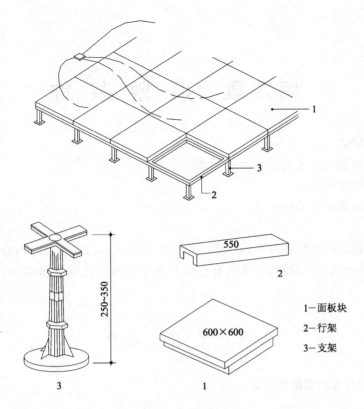

图 3-22 架空地板

活动地板与基层地面或楼面之间所形成的架空空间,不仅可以满足敷设纵横交错的电缆和各种管线的需要,而且通过设计,在架空地板的适当位置设置通风口,即安装通风百叶或设置通风型地板,以满足静压送风等空调方面的要求。

一般活动地板具有重量轻、强度大、表面平整、尺寸稳定、面层质感好及好的装饰效果等优点,并具有防火、防虫、防鼠害及耐腐蚀等性能。其中防静电地板,尤其适用于计算机房、电教教室、程控交换机房、抗静电净化处理厂房及现代化办公场所的室内地面。

三、隔声楼面

隔声楼面主要应用于声学上要求较高的建筑,如播音室、录音室等。常见的处理方式有铺弹性面层材料、采用复合垫层构造、采用浮筑式隔声构造(图3-23)。

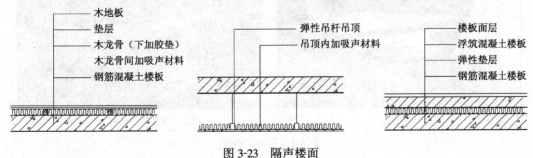

图 3-23 隔声楼面

本章作业

1. 选定一门厅或大堂进行石材铺设设计(注意不同石材搭配及尺寸的处理,踢脚的处理方式及与其他界面交接的处理)。
2. 有龙骨的实铺木地板的构造做法。

第四章 顶棚装饰

⇨ **关键点**
- 吊式顶棚的组成与基本构造原理
- 常用吊顶的施工
- 顶棚与其他界面的关系

顶棚是指通过采用各种材料和形式组合以充分利用房间顶部结构特点及室内净空高度,通过平面或立体设计,形成具有功能与美学目的的建筑装修部分,在建筑上又称之为吊顶。

第一节 概 述

一、顶棚装修的目的和要求

顶棚装修是现代建筑装修中不可缺少的重要组成部分。顶棚装修给人的直观感受就是为了装饰、美观,事实上还有许多功能性的作用:由于建筑舒适性的要求越来越高,所以室内各种管网线路也日益复杂。为了检修安装方便,一般将管网设于室内空间的上部,此时对顶棚装修进行必要的遮挡可以起到美观作用。为了满足室内环境使用的要求,利用顶棚可以改善室内光环境及热环境,并可吸声、隔声,对室内环境的艺术创造和提高舒适性水平起到重要作用(图 4-1)。

功能性吊顶

装饰性吊顶

图 4-1 吊顶的作用

顶棚装修为了满足功能及美观的目的,在装修设计和施工中应满足以下要求:

(1)空间的舒适性要求 依据室内空间的真实高度与室内用途设置合理的吊顶高度、选择合适的材料和色彩。

(2)安全性要求 由于顶棚位于室内空间的上部,并且顶棚内有许多灯具、音箱等设备,有时还要满足上人检修的要求,所以顶棚的安全、牢固、稳定问题十分重要。

(3)卫生条件要求　与墙面要求不同,由于受顶棚清洗条件的所限,在顶棚构造设计时要注意避免表面大面积的积尘可能。

(4)建筑物理性能要求　顶棚装修设计和构造应充分考虑室内对光、声、热等环境的改善。

(5)防火要求　顶棚上方有些设备会散热,有时线路短路首先殃及顶棚,故顶棚材料应首先选用防火材料或采取防火措施,如对木质装修要刷防火涂料等。

(6)经济性要求。

二、顶棚的分类

按施工构造方式分:直接式顶棚和吊式顶棚。

按外观形式分:平滑式、浮云式、井格式、分层式等(图4-2)。

按面层材料分:抹灰、石膏板、纤维板、金属板、塑料板等。

图4-2　吊顶的外观效果

顶棚的分类有许多种形式,随着新型材料及其系统工程产品的不断涌现,使当前的顶棚装饰方法和做法具有更多的选择,而且技术先进、构造合理,尤其是更多的采用干作业装配式操作,使施工更为简易。但与一直以来使用的吊顶方式相比,其基本构造原理大致相同。还需要说明的是吊顶的千变万化,更多的是设计创意的不同,而实现的方式即表面背后的做法都是一样的,所以我们要掌握的是吊顶实现的基本原理。

第二节　直接式顶棚

直接式顶棚是指装修面层就是建筑楼板底面,面层经过粉刷、粘贴、添加一些装饰线脚(木质、石膏、塑料和金属等)而成,不占据室内空间高度,造价低、效果好。由于其易剥落、维修周期短的特点,一般适用于家庭、办公、学校、宾馆标准间等的简单顶棚装修,但不能用于有大量管线和设备的室内。

一、直接式顶棚的基层

- 直接式顶棚装修对混凝土底板表面整体的平整度要求较高,模板的质量直接影响顶棚的平滑程度,所以直接式顶棚要求有较高精度的模板工程。
- 当使用钢模板时,其表面较光滑,会影响砂浆的粘接,会出现空鼓、裂缝等现象,所以抹灰前要用水泥浆进行处理。抹灰的具体做法类似于墙体抹灰,只是抹灰的整体厚度要比墙体抹灰薄。
- 如果顶面采用喷枪喷涂或涂刷工艺,要预先在板面涂抹一层胶粘剂后再施工。

二、直接式顶棚的面层

面层做法及所用材料见图(图 4-3)。

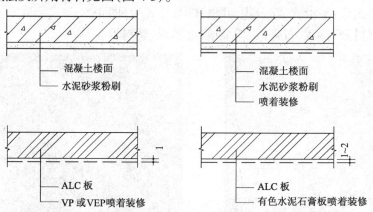

图 4-3　直接式吊顶的做法

三、结构顶棚

结构顶棚是指将屋盖结构直接暴露,不另做吊顶,称为结构顶棚。结构顶棚装饰的重点是通过巧妙的组合照明、通风、防火、吸声等设备,形成统一的、优美的空间景观。结构顶棚广泛的应用于体育馆、展览馆等大型公共空间。常见的有网架结构、膜结构等(图 4-4)。

图 4-4　结构顶棚

第三节 吊式顶棚

吊式顶棚是通过吊筋、大小龙骨所形成的构架与丰富的面层材料组合而成的,是一种广泛使用的顶棚形式,适用于各种场合。

一、吊式顶棚的基本种类

吊式顶棚根据面层材料与龙骨的连接方式不同,主要分为以下五类:钉、搁、粘、吊、卡。

二、吊式顶棚的构件组成

吊式顶棚主要由吊筋、龙骨、面层材料三部分组成(图4-5)。

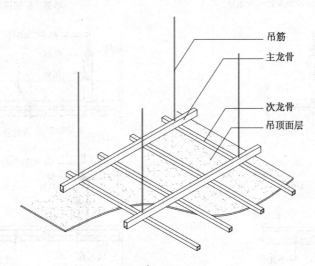

图4-5 吊式顶棚的基本组成

1. 吊筋的固定

在现浇钢筋混凝土楼板上吊筋的固定,如图4-6所示:

- 预埋吊筋 在现浇混凝土楼板时,按吊筋间距,将吊筋的一端折成钩状放在现浇层中,另一端从模板上的孔中伸出板底。
- 预埋吊顶杆入销法 在现浇混凝土时,先在模板上放置预埋件,混凝土拆模后,通过吊杆上安设的插入销头将预埋件和吊筋连接起来。
- 用射钉枪固定 即将射钉打入板底,然后在射钉上穿钢丝来绑扎吊筋。或者用膨胀螺栓来固定。

2. 龙骨(包括主龙骨和次龙骨)

主龙骨可以是木质龙骨(包括方木和圆木)、型钢龙骨、铝合金龙骨、轻钢龙骨,主龙骨是次龙骨与吊筋之间的连接构件,主龙骨与吊筋的连接可以采用焊接、螺栓、铁钉及挂钩等方式。

次龙骨是用来固定面层材料的,可以是木条、轻钢、高强塑料条等。次龙骨一般与主龙骨成垂直方向布置,间距大小视面层材料而定,一般不大于600mm,主次龙骨的连接可以是钉接或是采用专用连接件。

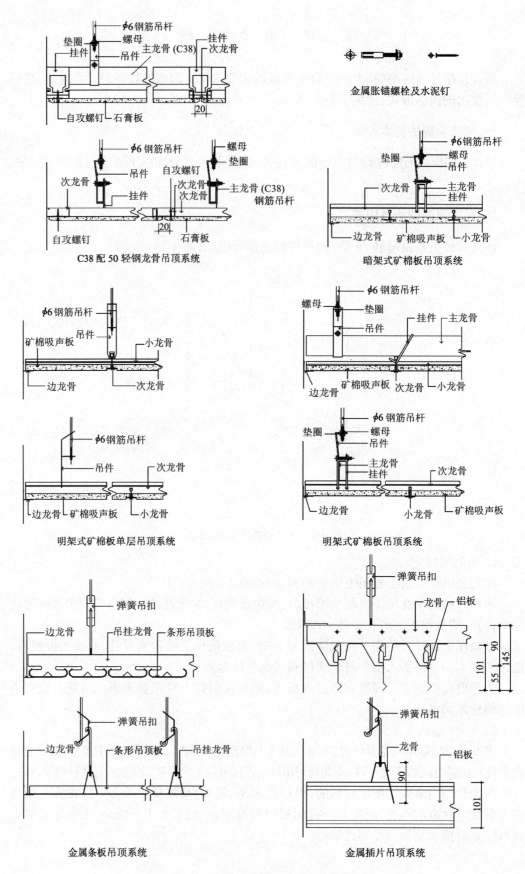

图 4-6 吊式顶棚的各部分的连接固定

3. 面层材料

面层材料按室内功能要求可采用多种材料和组合,与次龙骨的连接可用钉、搁、粘、吊、卡五种方式。

三、轻钢龙骨纸面石膏板吊顶

纸面石膏板与轻钢龙骨相配合的吊顶系统,施工简便、安装牢固,在满足吊顶构造力学的前提下,可以选用大规格板材进行铺贴,既节约了吊顶材料又加快了施工速度,而且防火性能良好,是当前普遍使用的吊顶形式(图4-7)。

图4-7 纸面石膏板吊顶

石膏板材宽度可达1200mm,长度达3300mm,根据使用的要求可以裁割为任意长度,石膏板可锯、可钉、可粘,加工性能良好,还可以做成曲面以形成丰富的吊顶效果。石膏板表面可以进行裱糊,也可以喷刷任何色彩的涂料或做成其他饰面。

轻钢龙骨及吊件等构架部分,基本上都是定型的标准构件,构件相互之间或与楼板的连接都简便直观且易于操作。

1. 基本的安装施工(图4-8、图4-9)

(1)安装边龙骨(图4-8中1) 按设计要求确定吊顶位置和标高,在墙面上弹线,同时在楼板底面弹线并确定吊点位置(吊点的间距按设计规定,一般为900~1200mm)。然后,沿四周墙面固定沿边龙骨,沿边龙骨可用膨胀螺栓固定。

(2)吊挂件安装(图4-8中2) 在已确定的吊点位置用膨胀螺栓固定吊杆,根据所需长度剪切龙骨吊杆,以便安装可调节吊挂件,可调节挂件通过挤压插入吊杆。

(3)承载龙骨的安装(图4-8中3) 承载龙骨的安装间距取决于吊顶系统所承受的荷载(一般是900~1200mm),然后将可调节挂件插入承载龙骨内或用其他方式的吊件。

(4)覆面龙骨的安装(图4-8中4) 下层"C"形龙骨两端应插入沿边龙骨内与墙体相接,先不固定,覆面龙骨的间距视所选用石膏板的厚度来定,一般在400~600mm之间,在潮湿的环境中还要缩小。覆面龙骨与承载龙骨垂直固定,将上下龙骨连接件套在上层龙骨上并向下卡入下层龙骨内,将上下龙骨连接。

(5)安装填充物 当吊顶有较高的隔声和防火要求时,可内置岩棉或玻璃棉等填充物。

(6)纸面石膏板的铺钉(图4-8中5) 石膏板的板长方向必须垂直于覆面龙骨安装,安装时从沿墙的一边开始,相邻两块石膏板的裁割边在安装时应相互错缝,不得形成通缝,用自攻螺钉将石膏板固定在龙骨上。

(7)板面嵌缝 用与石膏板配套的填缝材料进行接缝处理。

(8)面层根据设计需要进行罩面处理(图4-8中6),参见本书第二章。

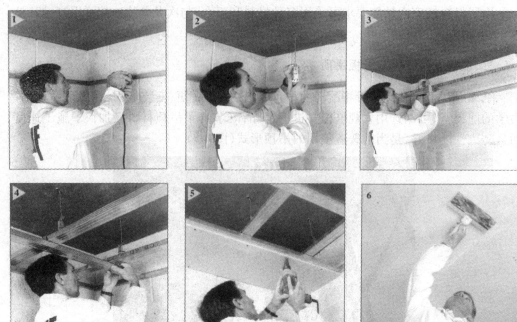

图4-8 纸面石膏板的安装

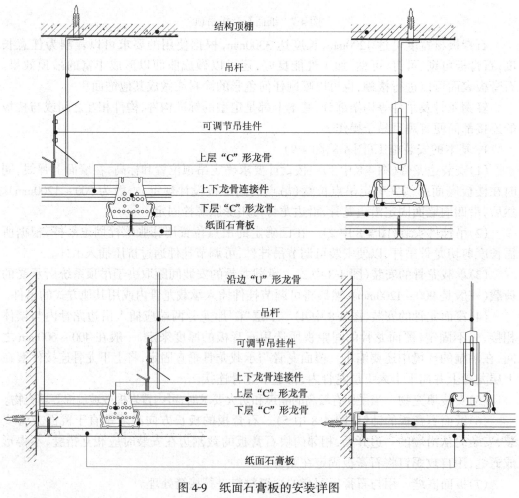

图4-9 纸面石膏板的安装详图

2. 特殊部位的处理

(1) 洞口(检修口)的制作　当全部吊顶龙骨安装完毕后,按设计规定在需要开洞的部位安装附加龙骨杆件(图 4-10),一般有专用的连接件。洞口应避开承载龙骨,若不能避开时则采取加强措施。

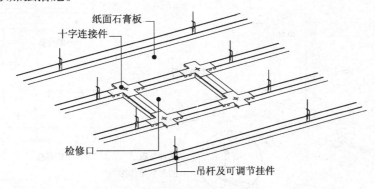

图 4-10　洞孔的制作

(2) 变标高吊顶的构造　变标高吊顶一般有三种情况:吊顶大面积装饰性变标高、带有人工照明用途的变标高做法、暗装式窗帘盒的构造(图 4-11)。

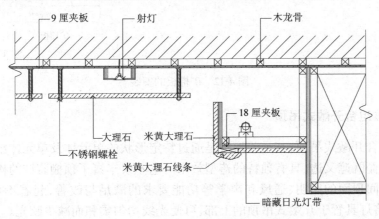

图 4-11　纸面石膏板的变标高吊顶

四、矿棉装饰吸声板吊顶

用于顶棚的罩面装饰材料,兼具装饰和吸声功能的材料种类较多,除了石膏板和软质吸声材料以外,常见的还有钙塑泡沫装饰吸声、矿棉装饰吸声板、珍珠岩装饰吸声板以及金属防锈防噪装饰板等。

矿棉装饰吸声板是以矿渣棉为主要原料,加入适量的粘接剂和附加剂,经过成型、烘干和加工而成的无机纤维顶棚装饰材料。具有质轻、耐火、保温、隔热、吸声性能好等特点,用于观演建筑、会堂、播音室、录音室等空间的顶棚罩面装饰,可以控制和调节室内的混响时间,消除回声,改善室内音质。由于其材质特点和安装方便,也普遍用于一些控制噪声的室内空间。

目前,最常见的安装方式是采用轻钢或铝合金"T"形龙骨,有平放搭接(明龙骨吊顶),企口嵌缝(暗式龙骨或半暗式龙骨)及复合粘接(封闭式吊顶)三种安装法。

平放搭接及企口嵌装(图 4-12)

将齐边矿棉板或楔形矿棉板搭装于"T"形金属龙骨的做法,操作简易、拆卸方便,在吊顶面所形成的装饰效果主要表现在龙骨框格明露,可以与灯具等装饰相配产生适宜美观的装饰效果。

企口嵌缝板安装后,可以不露骨架也可使部分龙骨底面明露而形成半隐式效果。

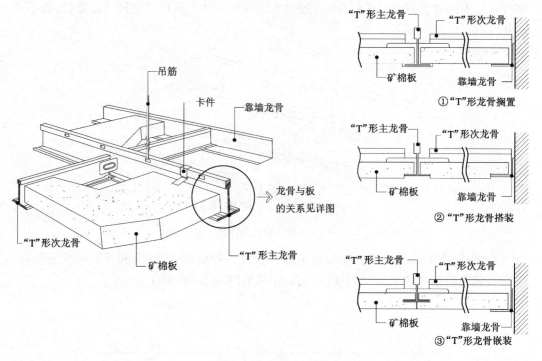

图 4-12　矿棉板的安装

五、单体组合开敞式吊顶

单体组合开敞式吊顶,其吊装形式是通过特定形状的单元体及单元体组合悬吊,使建筑室内顶棚既遮又透,具有独特的造型效果。它不仅丰富了顶棚装饰的构成方式,而且对建筑空间顶面的照明、通风和声学等功能要求的满足与改善,起着不可替代的作用。比如,将灯具置于开敞式吊顶的上部,可使光线均匀柔和而减少眩光。由单元吸声体组合悬吊的顶棚,不仅吸声效果更为优异,而且可以减少回声,如果同时设置反射板,则可满足适度的混响。同时,这种单体组合吊顶的安装方式简便且灵活。

第四节　顶棚与其他界面的关系

顶棚构造除了要解决自身构成的合理性外,往往还需要解决顶棚与其他界面相交处的处理方式问题。

一、顶棚与窗帘盒的关系(图 4-13)

图 4-13　顶棚与窗帘盒的关系示意

顶棚与窗帘盒(杆)的关系一种是窗帘盒与吊顶统一考虑,一种是窗帘的设置与吊顶的关系相对独立。

二、顶棚与墙面的关系

顶棚与墙面必然要相互接触,处理不当,不但交合不平影响装饰效果,而且还会产生裂缝,所以常见的方法是用压条(装饰)线脚,有时又叫"压角条"来遮挡此交线。

线脚是设于顶棚与墙面交接处的装饰构件,在满足装饰取得一定艺术效果的同时起到顶棚与墙面间盖缝的作用,是多种顶棚装饰所必需的构件。

1. 木质线脚

木质线脚是经过定型加工而成,有多种断面形式,与不同的墙面和顶棚装修相配合,并且有多种面层肌理条纹。

木线脚常以清水面装修,有时是做混水油漆如欧式线脚,其色彩选择需考虑顶棚、墙面色彩效果,起到勾勒或协调的作用。

木质线脚的安装,一般是在墙内预埋木砖来固定,但缺乏灵活性,比较灵活的办法是钉木楔子(图4-14)。

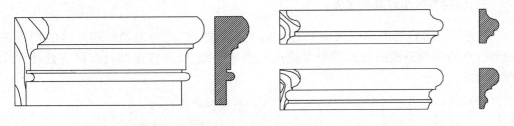

图4-14 木线脚

2. 金属线脚

金属线脚的使用通常是金属面层吊顶的配套环节,一般不单独使用。其断面形状有多种,在选用时要考虑与墙壁及顶棚板面的规格和尺寸配套。

金属线脚由于材薄质轻,常以铁螺钉固定于顶棚面层之上,也有固定于次龙骨上者(图4-15)。

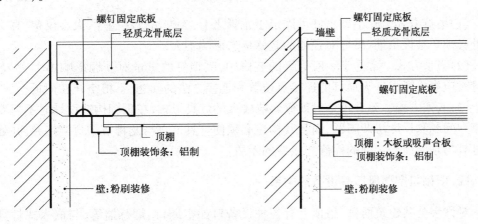

图4-15 金属线脚

3. 塑料线脚

塑料线脚与金属线脚一样属于一定形式吊顶的配合材料,由于可以隐藏作为界面交接,故应用广泛。

塑料线脚断面有多种形式(图4-16),还可按要求定制,所以应用广泛。

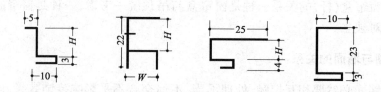

图 4-16　塑料线脚断面形式

塑料线脚的固定是在墙面内打入塑料膨胀螺钉,再将线脚用钉固定于墙上,该方法简单省工。要注意的是在墙面与顶棚装修施工前就要正确的决定线脚的确切位置,以便施工。

4．石膏线脚

石膏线脚由于其断面形式丰富,平面上可以做成曲线等形状,并且可以与其他室内石膏装饰品如艺术石膏雕塑等相结合,而且施工简便、价格便宜,故在前些年得到广泛使用。

石膏线脚与墙面主要使用粘接的方法固定。

三、顶棚与照明灯具的关系

装修时常遇到处理顶棚表面与灯具的关系问题,灯具与顶棚面相连接的构造正确与否直接影响顶棚的装饰效果及使用安全等问题,灯具在顶棚处有以下处理方式(图 4-17):

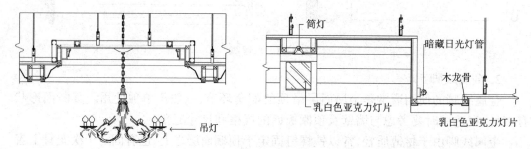

图 4-17　灯具与吊顶

(1)吊灯方式　除小型吊灯可固定于龙骨之上,大型吊灯在门厅、大会议室、宴会厅等处必须单独设吊筋,吊灯对顶棚的装修构造影响不大。

(2)吸顶方式　常见于一般等级的装修中,吸顶灯的重量对顶棚影响不大,在布置龙骨时应事先考虑好吸顶灯的连接点位置和连接方法的问题,不得空挂在面板上。

(3)嵌入方式　此方式是对顶棚影响较大的灯具形式,在顶棚构造设计时不但要解决排列问题和尺度协调问题,而且其构造必须使灯具节点与龙骨节点直接接触,并处理好灯具与顶棚面交接处的检修和接缝的矛盾。

四、顶棚与空调风口等设备的关系

对许多公共建筑而言,吊顶上有各种设备口如空调口、烟感器等,与嵌入式灯具方式一样,必须处理好接缝、设备与龙骨之间的关系问题(图 4-18)。

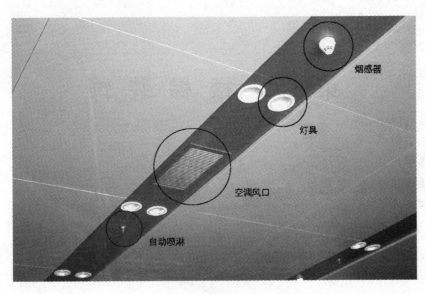

图 4-18 顶棚与空调风口

本章作业

1. 请用轻钢龙骨纸面石膏板为 100 人合班教室做吊顶设计,并绘制平面、剖面及必要节点详图(注意吊顶与灯具、窗、墙、高低差等细部处理)。

2. 参观所在城市的各类建筑,收集吊顶的种类、形式、材料及使用场合,并注意细部处理的形式。

第五章 楼梯装饰

⇨ **关键点**
- 楼梯设计
- 楼梯饰面、栏杆、栏板
- 细部处理

第一节 概 述

楼梯是建筑中的垂直交通设施,也是装修设计中经常碰到的一个重要部分,楼梯的设置和装饰的形式应满足使用方便和安全疏散的要求,并注重建筑空间环境的艺术效果。

一、楼梯的形式

楼梯的形式很丰富,一般与其使用功能和建筑环境要求有关(图5-1)。
- 直跑楼梯具有方向单一、贯通空间的特点。
- 双分平行楼梯和双分转角楼梯则是均匀对称的形式,典雅庄重。

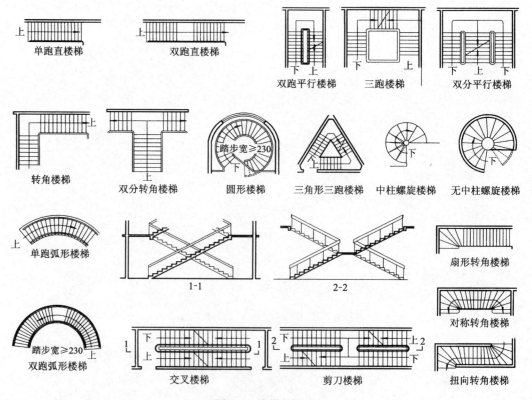

图5-1 楼梯的形式

- 双跑楼梯、三跑楼梯可用于不对称的平面布局。
- 交叉楼梯和剪刀楼梯则用于人流量大的公共建筑中,不仅有利于人流疏散,也有效的利用空间。
- 弧形梯和螺旋梯可以增加空间轻松、活泼的气氛。

二、楼梯的材料

1. 楼梯的结构材料

楼梯的结构材料有钢筋混凝土、钢、木、铝合金及混凝土—钢、钢—木质复合材料等。钢筋混凝土楼梯在建筑中应用最为广泛,是大多数建筑所采用的楼梯形式。其特点是价廉、可塑性大、形成广。在结构工程师的配合下,可以设计出形式多样的楼梯;钢楼梯显得较为轻巧,连接跨度大,在一些特殊场合使用较多,如夹层楼梯、室外疏散楼梯等;铝合金和木楼梯则显得灵活亲切,在家庭居室、小别墅中常常使用;混凝土—钢楼梯和钢—木楼梯是利用不同材料的受力特性将其组合拼接而成的楼梯,其结构明确、形成简洁,常用于居住建筑或一些公共场合的装饰楼梯。

2. 楼梯的饰面材料

楼梯饰面材料有水泥砂浆、水泥石屑面砖、陶瓷锦砖、金刚砂、天然石板、人造石板、硬木地板、地毯、玻璃、塑料地板、铜管、不锈钢、镀金镀银饰面板、镜面及五金构件,材料与色彩的选用要与使用的场合相匹配,设计时要与楼地面的材料使用统一考虑,使楼梯设计与建筑环境协调一致,互为衬托。

3. 楼梯装修的内容

楼梯装修包括两部分:一是楼梯设计,这在装饰工程和设计中会经常碰到,一般多为某场所或某部位加层,必须增加一个配套楼梯;二是楼梯细部构造或称之为饰面构造,是对楼梯进行装修处理。

第二节 楼梯设计

楼梯设计包括楼梯的布置、坡度确定、净空高度、防火、采光和通风等方面,具体设计事项与建筑的平面、建筑功能、建筑空间与环境艺术有关,并且必须要符合有关建筑设计的标准和规范。

一、楼梯的布置和宽度设计

1. 楼梯的布置(图5-2)

楼梯一般布置在交通枢纽和人流集中点上,如门厅、走廊交叉口和端部,分为主要楼梯和辅助楼梯两大类。主要楼梯位于人流量大或疏散点的位置,具有明确醒目、直达通畅、美观协调、能有效利用空间等特点。辅助楼梯布置在次要部位做疏散交通使用。平面中楼梯的布置数量和布置间距必须符合有关防火规范和疏散要求,使楼梯具有足够的通行和疏散能力。

2. 楼梯的宽度

楼梯的宽度主要满足疏散的要求,一般依据建筑的类型、耐火等级、层数以及交通的人流量而定,楼梯间平面尺寸和楼梯宽度应符合现行的《建筑楼梯模数协调标准》及防火规范等要求,作为主要交通用楼梯梯段宽按每股人流 0.55~0.7m 计算,并不少于两股人流,仅供单人通行的辅助楼梯必须满足单人携带物品通过的需要,楼梯净宽不小于 900mm。

二、楼梯坡度和净空高度

1. 楼梯的坡度

楼梯坡度的选择是从攀登效率、节省空间和便于人流疏散等方面考虑的。不同类型的建筑适宜的坡度不同。例如，公共场所一般楼梯坡度较平缓，常为1:2；仅供少数人使用或不经常使用的辅助楼梯则允许坡度较陡，但不宜超过1:1.33。

2. 踏步尺寸

踏步尺寸与楼梯的坡度有着直接的关系（图5-3），常用适宜踏步尺寸见表5-1。

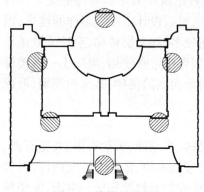

图5-2 楼梯的布置

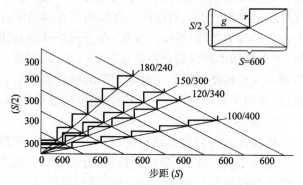

图5-3 楼梯坡度与踏步尺寸的关系

常用适宜踏步尺寸　　　　表5-1

名 称	住 宅	学校、办公楼	剧院、会堂	医院（病人用）	幼 儿 园
踏步高(mm)	156~175	140~160	120~150	150	120~150
踏步宽(mm)	250~300	280~340	300~350	300	260~300

为了适用和安全，每个梯段一般不应超过18步，也不应少于三步，不同层间的踏步尺寸可以根据不同的建筑层高加以变化，但同一梯段的踏步尺寸从起始到结尾都必须一致，常用的楼梯踏步数值见有关建筑规范。

3. 楼梯净空高度

楼梯净空高度 H 一般应大于人体上肢伸直向上、手指触到顶棚的距离。楼梯净高、净空尺寸关系表5-2（图5-4）。

楼梯净高及净空尺寸计算　　　　表5-2

踏步尺寸(mm)	130×340	150×300	170×260	180×240
梯段坡度	20°54′	26°30′	33°12′	36°52′
梯段净高(mm)	2360	2400	2470	2510
梯段净空(mm)	2150	2080	1990	1940

为了防止行进中碰头或产生压抑感，规定梯段净空不小于2200mm，平台梁下净高应不小于2000mm，且平台梁与起始踏步前缘水平距离不小于300mm（图5-4~图5-5）。

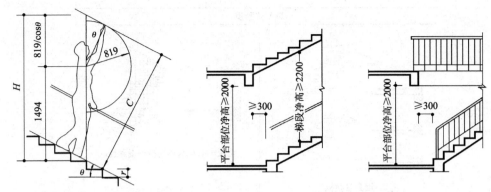

图 5-4　楼梯净高、净空尺寸关系

图 5-5　楼梯平台部位净高要求

三、楼梯的防火

(1)公共建筑的室内疏散楼梯宜设置楼梯间,医院、疗养院的病房大楼和有空调的多层旅馆和超过五层的其他公共建筑的室内疏散楼梯均应设置封闭楼梯间。楼梯间要求靠外墙,能直接采光和自然通风,采光面积不小于 1/12 楼地板面积。

(2)楼梯间四周至少为一砖耐火墙体,除在同层开设通向公共走道的疏散门外,不应开设其他的房间门窗,疏散门应设一级防火门,并向疏散方向开启。

(3)楼梯饰面材料应采用防火或阻燃材料,结构受力金属不应外露,木结构应刷两度防火涂料,木楼梯的底层平台下和顶层上方不宜设储藏间。

四、楼梯的踏步与梯段(图 5-6)

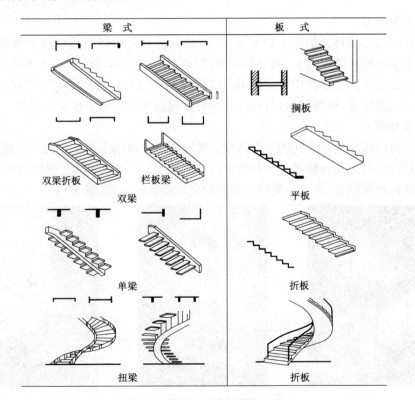

图 5-6　楼梯的踏步与梯段(一)

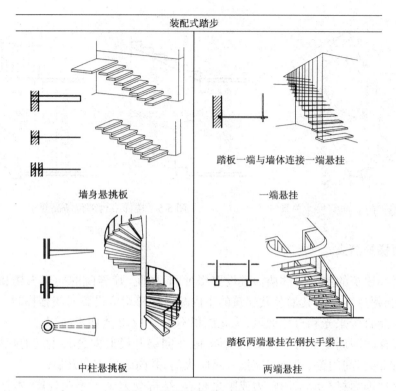

图 5-6　楼梯的踏步与梯段(二)

五、楼梯选型原则

1. 功能要求

楼梯形式必须符合功能上的要求,不同的空间分隔可以采用相应的楼梯来解决。人流量集中的地方常用直上、曲尺形楼梯;双分双合式楼梯是公共建筑中的主要楼梯,尤其是在商业和办公建筑中常常使用。塔形建筑可用多折楼梯或弧形楼梯,螺旋楼梯限用于跃层式住宅、楼阁、舞台后台以及小餐厅包房等使用频率较少的场合。

2. 美观要求

楼梯可以成为建筑空间的一个点缀。螺旋楼梯常被用作建筑立面或中庭空间的衬景,双跑直上、双分双合楼梯在公共建筑门厅中能显示一定的气派,而轻巧灵活的多折楼梯则易衬托像别墅、居室一类的小空间的优雅别致的情调(图 5-7)。

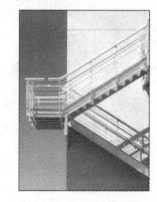

图 5-7　楼梯的选型与美观

第三节　楼梯饰面及细部构造设计

楼梯饰面及细部构造设计是指踏步面层装饰构造及栏杆、栏板构造等细部的处理（图5-8）。由于楼梯平台的装饰同楼地面层的装饰处理，所以在此不再重复。

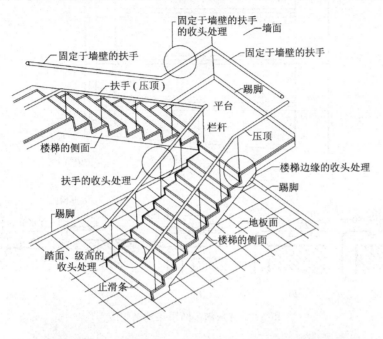

图 5-8　楼梯全图

一、楼梯面层构造

楼梯面层分抹灰装饰、贴面装饰、铺钉装饰以及地毯铺设等几类做法，与楼地面饰面有相似之处。

1. 抹灰装饰

抹灰多用于钢筋混凝土楼梯，是最常见的普通饰面处理。具体做法为：踏步的踏面和踢面都做 20~30mm 厚水泥砂浆或水磨石粉刷。离踏面口 30~40mm 处用金刚砂 20mm 宽或陶瓷锦砖做防滑条一条或两条，高出踏面 5~8mm 厚，防滑条离梯段两侧面各空 150~200mm，以便楼梯清洗，如楼梯边设计时已留有泄水槽（常见室外楼梯），则防滑条伸至槽口，室外梯为了耐久可以用钢板包角（图5-9）。

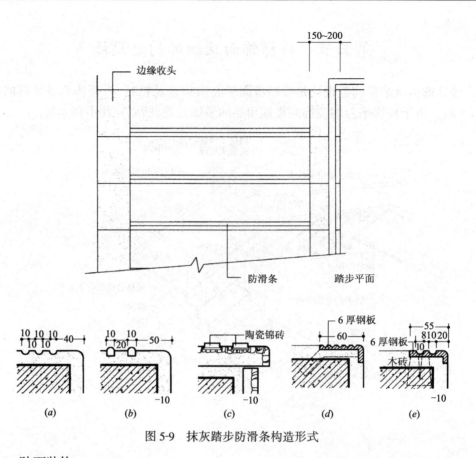

图 5-9 抹灰踏步防滑条构造形式

2. 贴面装饰

楼梯的贴面面材有板材和面砖两大类。材料选用要求耐磨、防滑、耐冲击,并且便于清洗,踏感舒适,其质感应符合装修设计的需要。贴面装饰多用于钢筋混凝土和钢楼梯的饰面处理。

(1)板材饰面(图 5-10) 常见的板材有花岗石板、大理石板、水磨石板、人造花岗石板、玻璃面板等,一般厚 20mm。当一整块为一踏面或踢面,应先按设计尺寸在工厂裁割定型,然后运至现场施工。具体做法:直接在踏面板上用水泥砂浆坐浆或灌浆,将饰面板粘贴在踏步的踏面或踢面上,离踏口 20~40mm 宽处开槽,将两根 5mm 厚铜条或铝合金条嵌入并用胶水粘固做防滑处理,防滑条高出踏面 5mm 厚,牢固后可用砂轮磨去 0.5~1mm,使其光滑亮洁。另一种简单的防滑处理是将踏口处的踏面石板凿毛或磨出浅槽。预制水磨石板可用橡胶防滑条或铜铝包角。

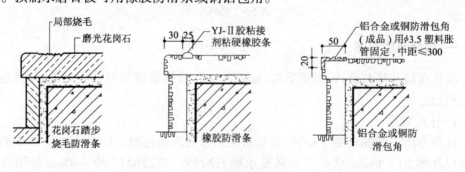

图 5-10 板材饰面

(2)面砖饰面(图 5-11) 常用的面砖饰面种类丰富,有釉面砖、缸砖、铜质砖、劈离砖、麻石砖等,规格尺寸也很多,但有一类是专门按照踏步标准尺寸制作的,专用于楼梯饰面。具体构造做法:先在踏步板的踏面和踢面上做 10~15mm 厚水泥砂浆找平,然后用水泥砂浆粘贴饰面砖,水泥砂浆一般厚 2~3mm。利用面砖上在制坯时压下的凹凸条作为踏面处的防滑处理。

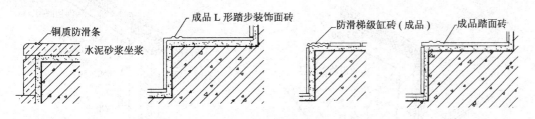

图 5-11　面砖饰面踏步

3. 铺钉装饰

楼梯铺钉装饰常用于人流量较小的室内楼梯,主要饰面材料有硬木板、塑料、铝合金、不锈钢、铜板等。可以在任何结构类型的踏步板上进行装饰处理。铺钉的方式分架空和实铺两种。

(1)小搁栅架空　这是一种较为高级的处理,具体做法为:先将 25mm×40mm 的小木龙骨固定在踏步踏面的预埋木砖或膨胀管上,钢板踏步可以预留螺孔或现场开孔,然后以榫头或螺钉将铺板固定于木龙骨上。踢面板一般是实铺在踏步踢面上的(图 5-12)。

(2)实铺　实铺是最常见的铺钉方法,混凝土踏步必须先做 10~15mm 厚的水泥砂浆找平层,铺板依靠榫头或螺钉直接固定于踏步踏面和踢面的预埋木砖或膨胀管上。钢楼梯、铝楼梯、木楼梯则可以通过螺栓将饰面板与踏步板固定。铺钉楼梯的防滑处理应考虑防滑和耐磨双重作用,所以常在踏口角用铜和铝合金、塑料成品型材包角,使踏口既不易损坏又美观整齐(图 5-13)。

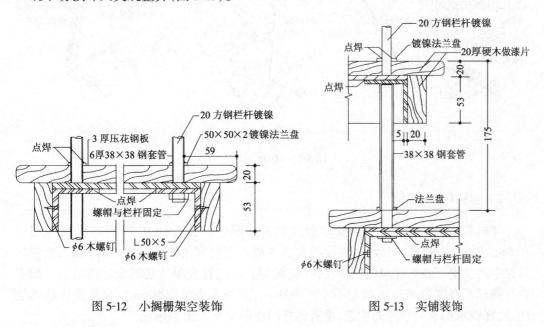

图 5-12　小搁栅架空装饰　　　　图 5-13　实铺装饰

4. 地毯铺设

楼梯铺设地毯适用于较高级的公共建筑,如宾馆、饭店、高级写字楼及小别墅等场所。常用的地毯是化纤阻燃地毯,一般在踏步找平层上直接铺设,也可在已做装修的楼梯饰面上再铺地毯。

地毯的铺设形式有两种:一种为连续式,地毯从一个楼层不间断的顺踏步铺至上一楼层面；另一种为间断式，踏步踏面为地毯，踢面为另一种装饰材料构造（图5-14）。

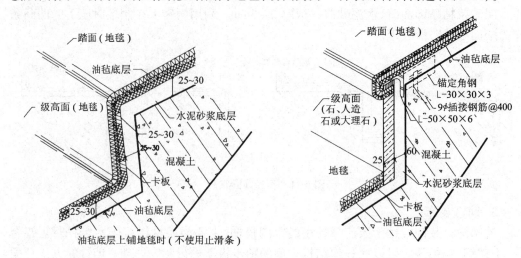

图 5-14　地毯铺设的形式

地毯的固定分粘接式和浮云式两种。粘接式是用地毯胶水将地毯和踏步的找平层牢固的粘接在一起，踏口处用铜、铝或塑料包角镶钉，起耐磨和装饰的作用；浮云式是将地毯用地毯棍卡在已做好饰面的踏步上，地毯可以定期抽出清洗或更新，此处铜、铝防滑条多起装饰作用（图5-15）。

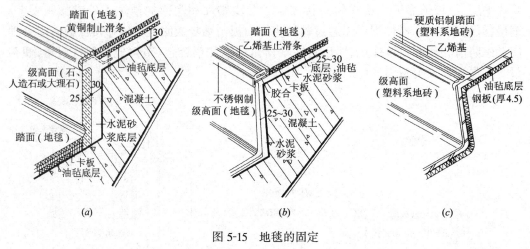

图 5-15　地毯的固定

二、楼梯栏杆、栏板

楼梯栏杆、栏板是一个重要的安全和装饰部件，当人流密集场所梯段高度超过1000mm时，宜设栏杆（栏板）。梯段净宽达3股人流时宜两侧设扶手，达四股人流时应加设中间扶手。各类建筑的楼梯栏杆（栏板）高度，应符合单项建筑设计规范。一般室内楼梯栏杆高度自踏步前缘起不小于900mm，室外不小于1050mm。有儿童活动的场所，栏杆应采用不易攀登的构造，垂直栏杆间净距应不大于110mm。

栏杆应以坚固耐久的材料制作，栏杆顶部的水平推力必须具有相应建筑规定的强度。

1. 栏杆的形式

栏杆的形式是多种多样的，随着材料和技术的发展得到了不断发展。栏杆的形式依据装饰和功能的需要可以灵活变化，但不论何种形式的栏杆都要以一定的构造形式实现美观和安全的要求(图5-16)。

图5-16 栏杆的形式

2. 栏杆的固定

栏杆的主杆与踏步板的连接方式有预留孔埋设;与预埋件电焊、丝扣套接等方式。连接方式的选用应与踏步饰面材料相适用(图5-17)。

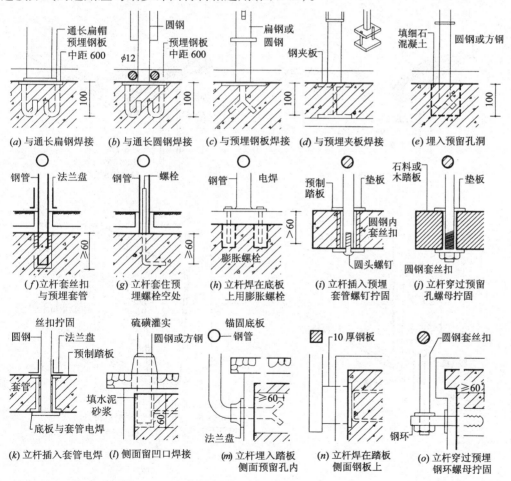

图5-17 栏杆的固定

3. 扶手构造

扶手是栏杆栏板最上面的部件,扶手的形式、质感、尺度必须与栏杆相适应。

(1)扶手断面形式(图5-18),扶手与栏杆的连接方式(图5-19)。

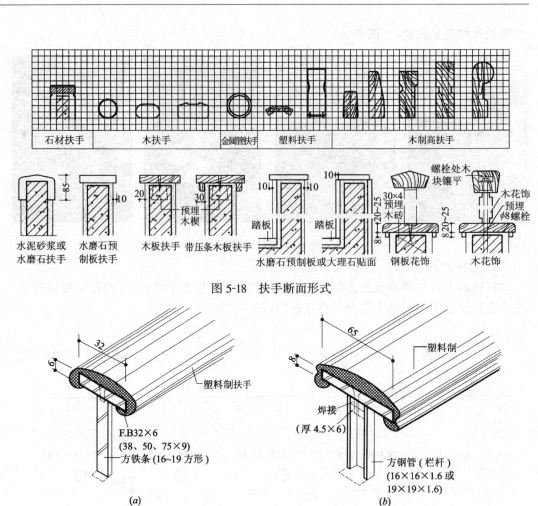

图5-18 扶手断面形式

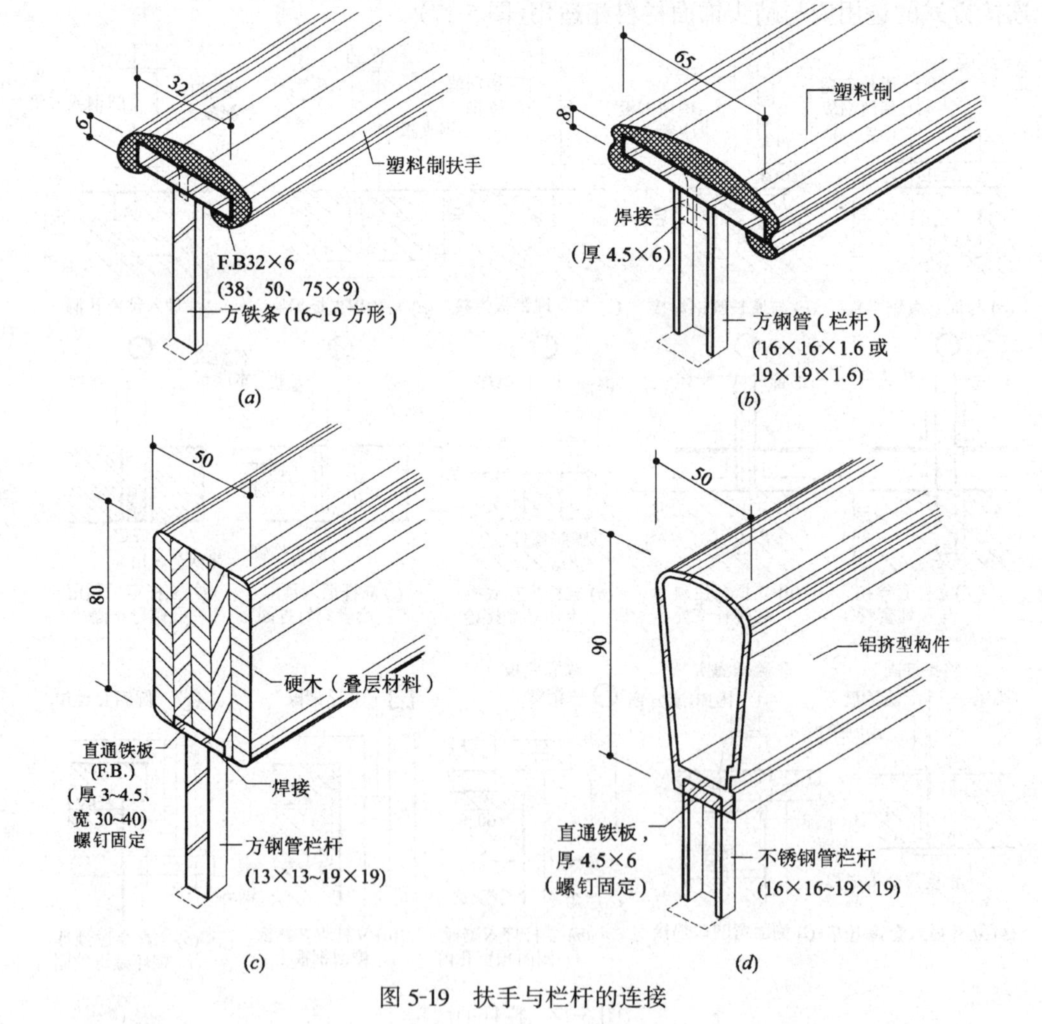

图5-19 扶手与栏杆的连接

(2)靠墙扶手 靠墙扶手应与栏杆扶手相一致,靠墙扶手的连接方式如图(图5-20)。
(3)扶手的始末端处理(图5-21)。

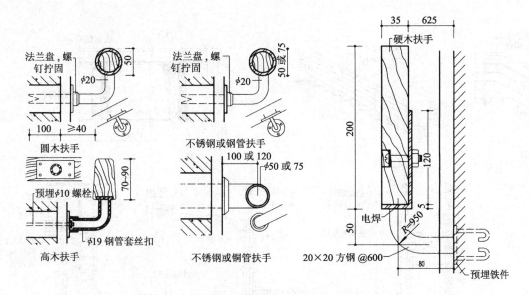

图 5-20　靠墙扶手的连接方式

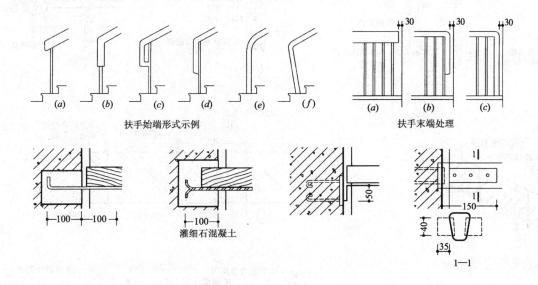

图 5-21　扶手始末端形式及处理

4. 栏板构造

栏板形式很多，有砌筑栏板、钢丝网水泥栏板、塑料饰面板栏板、玻璃栏板、不锈钢镜面栏板等，其构造形式类似于隔墙隔断构造（图 5-22）。

5. 转角栏杆栏板

梯段转弯处栏杆或栏板必须向前伸 1/2 踏步宽，上下扶手方能交合在一起，但为了节省平台深度空间，栏杆或栏板往往随梯段一起转角，这时上下梯段形成的高差必须处理。具体处理方式有望柱、鹤颈嘴、断开等手法（图 5-23）。

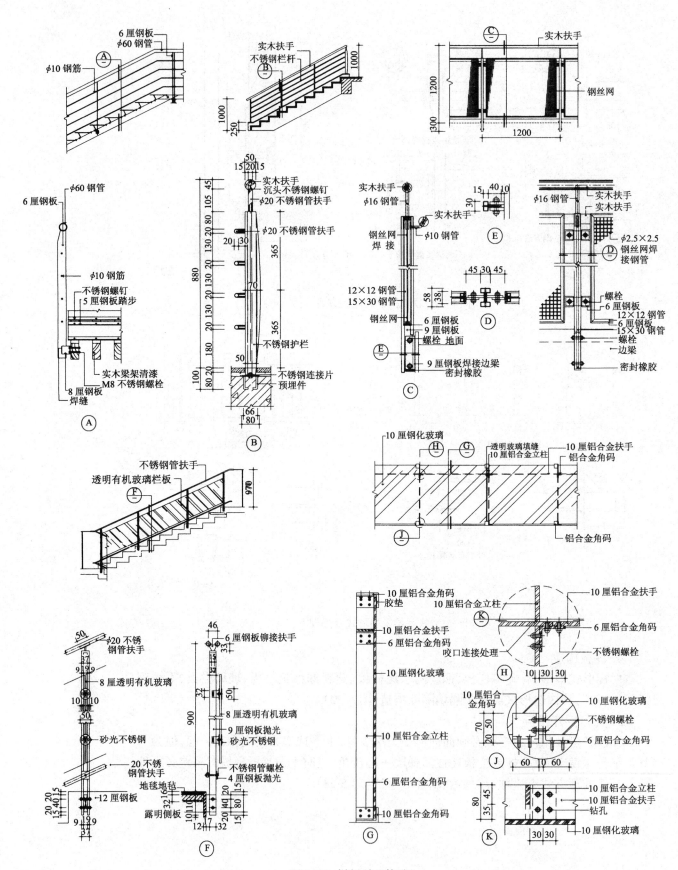

图 5-22 栏板(杆)构造

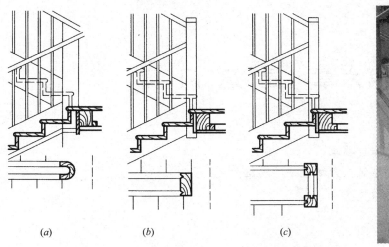

图 5-23 转角栏杆栏板的处理方法
(a)望柱法；(b)鹤颈嘴法；(c)断开法

三、踏步侧面收头处理

1. 梯段临空

梯段临空侧踏步边缘有踏面和侧面的交接，也是栏杆的安装地方，于是成为楼梯设计细部的重要点。适当详细的收头处理，既有利于楼梯的保养管理（耐磨、抗撞），又有装饰效果，给人以精致细腻的感觉。一般的做法是将踏面粉刷或贴面材料翻过侧面 30~60mm 宽。铺钉装饰必须将铺板包住整个梯段侧面，并转过板底 30~40mm 宽做收头。还有一种做法是利用预制构件镶贴在踏步侧面形成收头（图 5-24）。

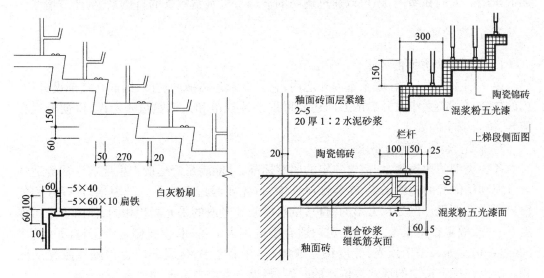

图 5-24 踏步侧面收头的处理

2. 梯段临墙

梯段临墙侧应做踢脚，踢脚的构造做法同楼地面，材料同踏步面层，高 100~150mm，上下两端与楼地层踢脚连成一体。梯段与平台板底饰面同该层墙面或顶面的装饰。

本章作业

1. 利用不锈钢和玻璃设计一栏杆（板），用于某服装专卖店，绘制平面图、剖面图、节点详图。

2. 观察栏杆与墙的关系处理。

第六章 建筑门窗

⇨ **关键点**
- 门窗应满足的功能性要求
- 掌握木门窗的构造做法是掌握一种思维方式
- 门窗装饰性要求的体现

第一节 概 述

一、门窗的作用

建筑的门窗是建造在墙体上连通室内和室外或室内和室内的开口部。门的主要作用是供出入交通;窗供采光及通风之用。同时,门窗还起到调节控制阳光、气流、声音及防火、防范等方面的功能。

对建筑外立面来说,如何选择门窗的位置、大小、线型分格和造型是非常重要的。

另外,门窗的材料、五金的造型、窗帘的质地、颜色、式样还对室内装饰起着非常重要的作用。人们在室内,还可以通过透明的玻璃直接观赏室外的自然景色,调节情绪。

二、门窗的要求

1. 交通安全方面的要求

由于门主要供出入、联系室内外之用,它具有紧急疏散的功能,因此在装饰设计中,门的数量、位置、大小及开启的方向还要根据设计规范和人流数量来考虑,以便能通行流畅、符合安全的要求。

2. 采光、通风方面的要求

各种类型的建筑物,均需要一定的照度标准,才能满足舒适的卫生要求。从舒适性及合理利用能源的角度来说,在装饰设计中,首先要考虑天然采光的因素,选择合适的窗户形式和面积。例如长方形的窗户,虽然横放和竖放的采光面积相同,但由于光照深度不一样,效果相差很大,竖放的窗户适合于进深大的房间,横放则适合于进深浅的房间(图6-1)。如果采用顶光,亮度将会增加6~8倍之多,但是同时也伴随着眩光的问题。所以在确定窗户的形式及位置的时候,要综合考虑各方面的因素。

对于房间的通风和换气,主要靠外窗。但在房间内要形成合理的通风及气流,内门窗和外窗的相对位置很重要,要尽量形成对空气对流有利的位置(图6-2)。对于有些不利于自然通风的特殊建筑,可以采用机械通风的手段来解决换气问题。

3. 维护作用的要求

建筑的外门窗作为外围护墙的开口部,必须要考虑防止透风、漏水、日晒、噪声和蚊蝇的飞入,还要考虑尽量减少热传导,以保证室内舒适的环境。这就对门窗的构造提出了要求,如在门窗的设计中设置空腔防风缝、披水板和滴水槽,采用双层玻璃、百叶窗和纱窗等。

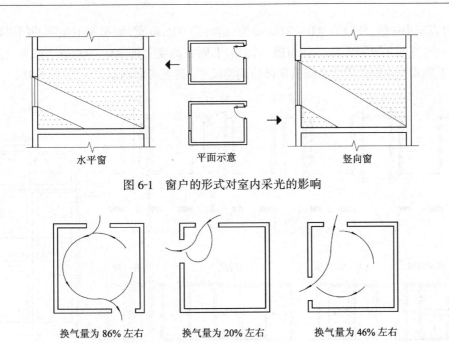

图 6-1　窗户的形式对室内采光的影响

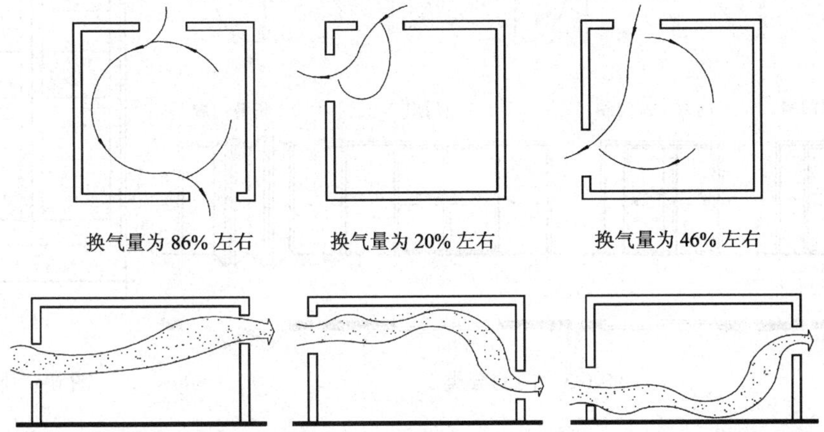

图 6-2　门窗对室内通风和换气的影响

4. 材料的要求

随着国民经济的发展和人民生活的改善，人们的要求也越来越高，门窗的材料也从最初以木门窗和钢门窗为主，发展到现在大量使用铝合金、PVC 塑料、塑包铝和不锈钢门窗，这对建筑设计和装修提出了更高的要求。

5. 门窗的模数

在建筑设计中门窗和门洞的大小涉及到模数问题，采用模数制可以给设计、施工和构建生产带来方便。但在实践过程中，也发现我国的门窗模数与墙体材料存在着矛盾。我国的门窗是按照 300mm 模数为基本模，而标准机制砖加砖缝则是 125、250、500 进位的，这就给门窗开口部带来麻烦。目前，虽然也出现了 200mm 模数的多孔砖，但并未解决根本问题。所以还需各方面做努力改变这种情况。

第二节　门

一、门的分类

门的种类可以按照用途和材料的不同来分，但较为科学的是按照门的开启方式来分。门的分类是根据门扇的数目和开启方法来分的(图 6-3)。

二、门的一般尺寸

门的尺寸决定使用要求、安全与建筑的立面造型。从使用中看，公共建筑的门由于进出的人多，一般单扇门为 950~1000mm 宽，双扇 1500~1800mm 宽，高度为 2.1~2.3m；居住建筑的门可以略小一些,外门约900～1000mm宽,房间门900mm宽,厨房和卫生间的门可以依次更小一些,高度一般为2.1m。如有腰头窗的门,则在高度上加300～900mm。如果公共建筑的外门,则根据立面的需求在腰头窗部位调整尺寸,甚至可以做双腰头窗(图6-4)。

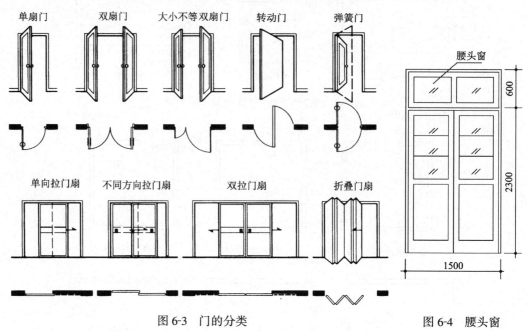

图6-3 门的分类　　　　　　　图6-4 腰头窗

三、木门的组成和构造

由于目前建筑的外门大多采用铝合金、塑料和不锈钢材料制作,而这些材料的门都有各种成型的门框和门扇材料,工厂和施工单位一般只需按照设计人员定出的开口部尺寸组装即可。而建筑的内门大多还是采用木门为多,木门的质地具有温暖感,各种造型的装饰要求容易满足,色彩也比较丰富。

木门一般是由门框、门扇和一些五金件组成(图6-5)。

1. 门框

(图6-7)所示,门框是用合角全榫拼接成框,因扫地困难并易磨损内门,一般无下槛。外门和阳台门为了防水,可设门槛,但最好做披水(图6-6)。门槛在安装时一般将其中一面突出砖墙20mm,这样在墙体抹灰后,门框可与墙面齐平。门框用料可与门的

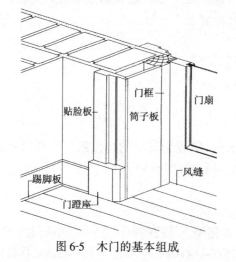

图6-5 木门的基本组成

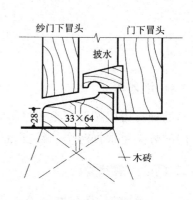

图6-6 阳台门槛做法

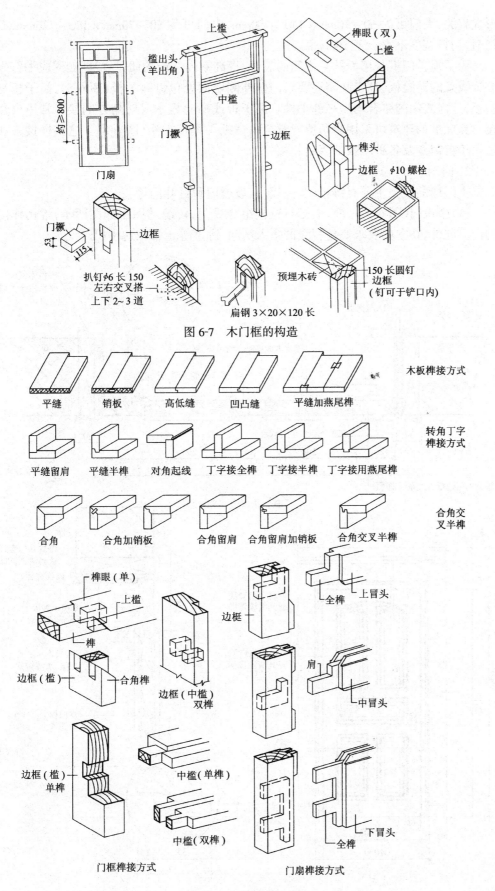

图 6-7　木门框的构造

图 6-8　各种榫接方法

形式有关,大门可为 60～70mm×140～150mm,内门可为 50～70mm×100～120mm,有纱门时,用料宽度不宜小于150mm。

为了掩盖门框与墙面抹灰之间的裂缝,提高室内装饰的质量,门框四周应加钉带有装饰线条的贴脸板,高级装修还要沿门框外侧墙面处包钉筒子板(图 6-5),筒子板与贴脸板、门框之间的镶合均用平缝平榫。筒子板或贴脸板本身转角处的接合常用合角榫接。高标准的建筑可采用合角留肩及合角销板等榫接方法(图 6-8)。这些榫接方法亦适用于窗帘盒及各种木板的直角相接处。

2. 门扇

木门扇的种类主要有镶板门、夹板门、玻璃门和百叶门等。

(1)镶板门(图 6-9) 框、中梃与镶板组合成门,传统的图案如图所示,常用作门厅的门。此外,在室内要求遮住视线的个人房间、卧室等也常用这种门。

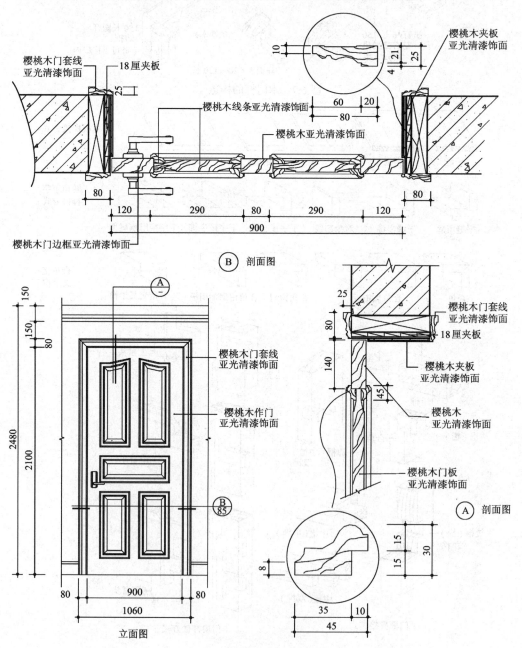

图 6-9 镶板门(一)

镶板门的上冒头尺寸为 45~50mm×100~120mm，中冒头和下冒头为了装锁和坚固要求，应用 45~50mm×150~200mm，有的镶板门将锁装在边梃上，故边梃的尺寸也不宜过细，至少 50mm×150mm。

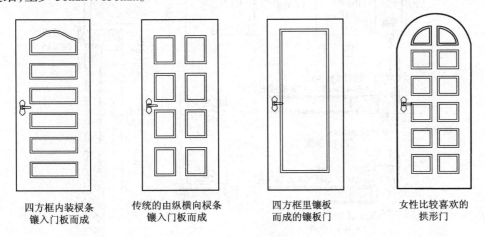

图 6-9　镶板门(二)

(2) 夹板门和百叶门(图 6-10)　由门框两边复合板(如贵重木材柳安木、复合木)而构成的。

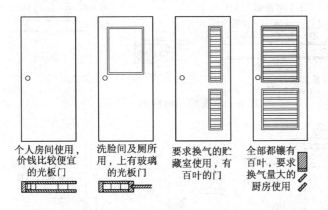

图 6-10　夹板门和百叶门

夹板门和百叶门(部分百叶)先要用木料做成木框格，再在两面用钉或胶粘的方法复上夹板，框料的做法不一，如图所示，外框用料 35mm×50mm~70mm，内框用 33mm×25mm~35mm 的木料，中距 100~300mm。夹板门构造须注意下列各点(图 6-11)：

·夹板不能胶粘到外框边，否则经常碰撞容易损坏。
·为了装门锁和铰链，边框料须加宽，也可局部另钉木条。
·为了保护门扇内部干燥，最好在上下框格上贯通透气孔，孔径为 9mm。

(3) 玻璃门(图 6-12)　在必须采光与通透的出入口使用。除透明玻璃外，还有板玻璃、毛玻璃及防冻玻璃等；也有照出影子但看不见人的玻璃。

玻璃门的门扇构造与镶板门基本相同，只是镶板门的门芯板用玻璃代替，也可在门扇的上部装玻璃，下部装门芯板。对于小格子玻璃门，最好安装车边玻璃，这样的门显得十分精致而高贵。玻璃门也可采用无框全玻璃门，它用 10mm 厚的钢化玻璃做门扇，在上部装转轴铰链，下部装地弹簧，门的把手一定要醒目，以免伤人。

第六章 建筑门窗

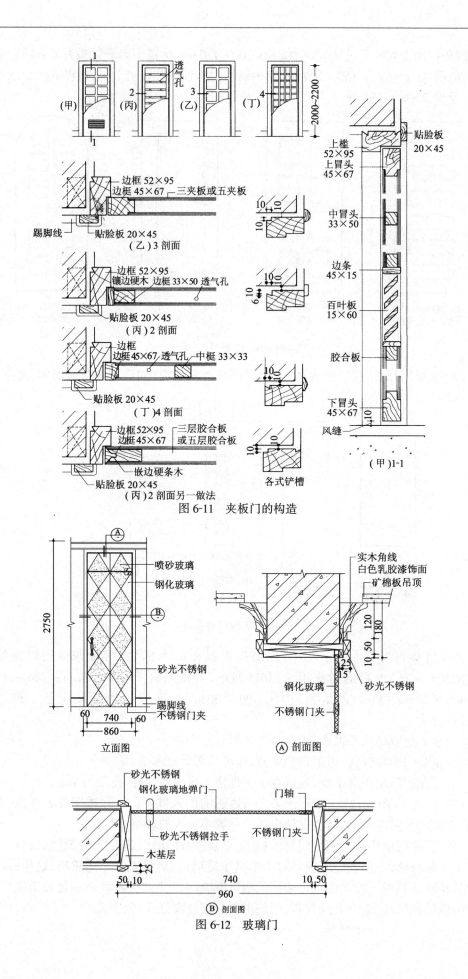

图 6-11 夹板门的构造

图 6-12 玻璃门

四、门的五金

门的五金主要有门的把手、门锁、铰链、闭门器和门挡组成。

1. 把手和把手门锁(图6-13)

开关门时,便于人手操作而安装在门上的器具称为把手。因为与人手接触,故要考虑到把手大小、冷、暖等方面的因素而进行选择。

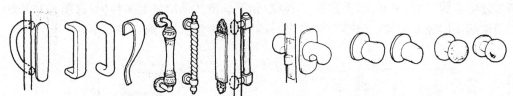

(a) 压板与拉手
没有锁的单扇门,安装压板与拉手,自由门扇则两面都安装压板

(b) 把手门锁与旋钮
把手门锁是不用钥匙锁门的一种锁的类型:把旋钮转动,拉住弹簧钩锁就能打开

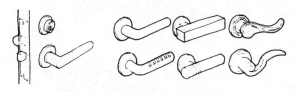 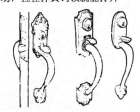

(c) 带杆式操纵柄的锁
最一般的锁是圆筒销子锁。在室外用钥匙,在室内通过指旋器就能打开锁

(d) 锁上带有传统手把的(门厅的门上用)

图6-13 把手和把手门锁

2. 闭门器(图6-14)

能自动关闭开着的门的机构装置称之为闭门器。其速度与转矩大小可以调节。

3. 门挡(图6-15)

门挡是防止门扇、手把与墙壁碰撞而安装的五金。

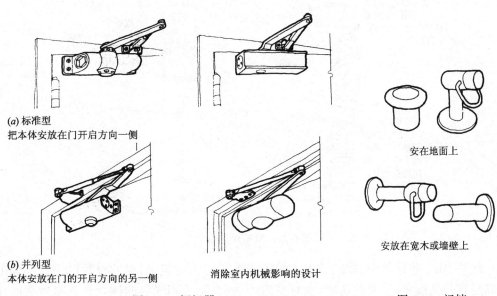

(a) 标准型
把本体安放在门开启方向一侧

安在地面上

(b) 并列型
本体安放在门的开启方向的另一侧

消除室内机械影响的设计

安放在宽木或墙壁上

图6-14 闭门器　　图6-15 门挡

第三节 窗

一、窗的分类

窗因材料不同而分为木窗、钢窗、铝合金窗和 PVC 塑料窗等。如以开启方式的不同来分则有固定窗、平开窗、上悬窗、中悬窗和下悬窗及推拉窗等多种形式(图 6-16),如按用途的不同还有天窗、老虎窗、双层窗、百叶窗和眺望窗等(图 6-17)。

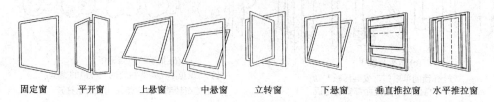

固定窗　平开窗　上悬窗　中悬窗　立转窗　下悬窗　垂直推拉窗　水平推拉窗

图 6-16　窗的开启方式

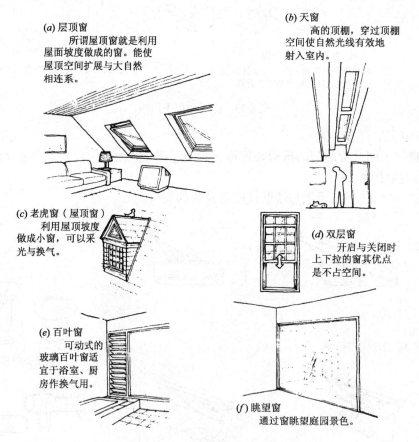

图 6-17　窗按用途分类

此外,在一些建筑中,特别是生活情趣较浓的居住建筑中,窗的设置已不仅仅局限于满足建筑的通风、采光的功能,而对室内的格调、景色和气氛的体现也具有重要的作用。常见的有弓形凸窗、梯形凸窗和转角窗等(图 6-18)。

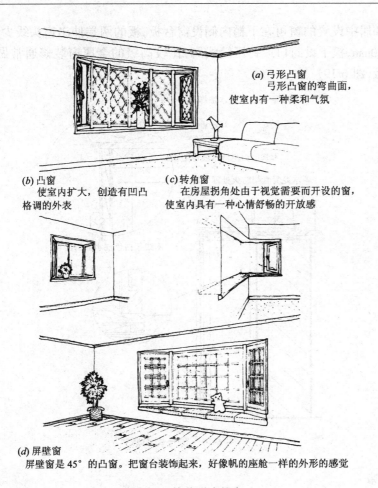

图 6-18 特殊形式的窗

二、窗的构造

1. 塑钢门窗

塑钢窗是由成品型材(PVC)、钢衬、玻璃辅以其他材料组成。

塑钢窗抗风压、空气渗透、雨水渗漏及保温、隔声等性能强,表面光洁度好,颜色多以白色为主。窗的基本尺寸为(600～2400mm)×(600～2400mm)。

塑钢窗在墙体洞口连接固定的方法有两种:一种是用固定片连接,即将固定片的一端卡入塑料窗框的燕尾槽中,用自攻螺钉将固定片及塑钢窗框固定在钢衬上,固定片的另一端固定在墙体上;另一种方法是用膨胀螺栓钉直接穿过窗框将框固定在墙上。窗框与洞口的缝隙需用闭孔泡沫塑料、发泡聚苯乙烯等弹性材料分层填塞。

2. 铝窗

窗框和窗扇一般采用隔热铝合金型材,配中空玻璃。采用等压原理及采用优质耐候的密封胶条进行密封,提高整窗的气密性和水密性。窗框可设计为无中梃结构,开启窗扇后不影响视线。装配可调支撑,窗扇可在 180°内任意定位。表面粉末喷涂可选任意颜色。

3. 钢窗

钢窗有不同的加工方法,使用不同的材料,有不同的结构特征,侧重不同的使用特征。按材料的不同分为普通碳素钢窗、镀锌钢窗、彩板钢窗、不锈钢窗等。

4. 窗台板

外平和居中设置的窗可在下槛内侧设窗台板,板的两端伸出窗头线少许,再挑出墙面约 30~40mm,板下设封口或钉压缝线脚,比较高级的金属窗装修通常做大理石或花岗石窗台板(图 6-19)。

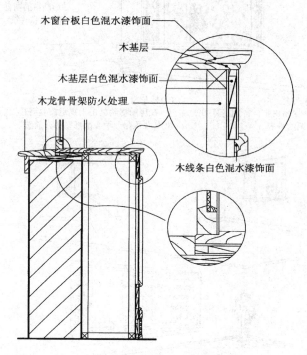

图 6-19　窗台板构造

三、窗帘

窗帘的普通功能是遮光和隐私,但在室内装饰功能中也充当了非常重要的角色,它不仅与床上用品、沙发座套、桌布及地毯等织物有着整体协调的作用,而且还能以造型、色彩和垂挂方式来烘托整个房间的气氛,强调整个装饰的风格。

窗帘有多种多样的类型,常见的有百叶式、卷筒式、折叠式、波纹式和垂挂式等。

1. 百叶式窗帘

百叶式窗帘有水平式和垂直式两种,水平百叶式窗帘由横向板条组成,只要稍微改变一下板条的角度,就能改变采光与通风。板条有木质的、钢质的、纸质的、铝合金质的和塑料的。板条宽为 50、25、15mm 的薄条,它的特点是灵活和轻便。

其中铝合金横百叶使用最为普遍,开关是球状的,其他形式还有编码式开关、电动升降式开关。

垂直式百叶窗帘用纵向条带方式组合起来。通过调节条带的开关,能左右调节视线、光线和风量。起居室等大窗面积使用时,具有一种轻快柔和的效果,能使光线射入室内较宽的空间。条带可用铝合金、麻丝织物等制成。条带宽有 80、90、100mm 以及 120mm(图 6-20)。

2. 卷筒式窗帘

卷筒式窗帘的特点是不占地方、简洁素雅、开关自如,这种窗帘有多种形式。图 6-21 所示的是一种适合家庭用的小型弹簧式卷筒窗帘,一拉就下来到某部位停住,再一拉就弹回卷筒内。此外,还有通过链条升降的,高窗也有通过电动机升降的类型。

根据卷筒式窗帘的要求不同,使用的帘布可以是半透明的,也有乳白色及有花饰图案的编织物。卧室与婴儿用房常采用不透明的暗幕型编织物。

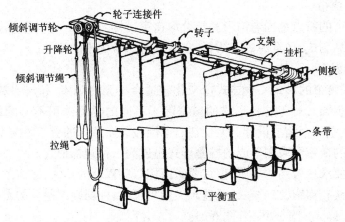

图 6-20 百叶式窗帘

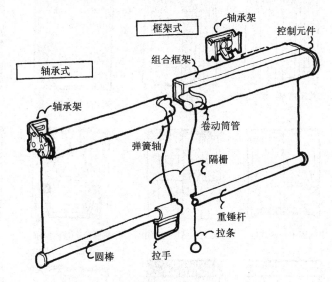

图 6-21 卷筒式窗帘

3. 折叠式窗帘

这种窗帘的机械构造与卷筒式窗帘差不多,一拉即下降,所不同的是第二次拉的时候,窗帘并不像卷筒式窗帘那样完全缩进卷筒内,而是从下面一段段打褶升上来,图 6-22 所示织物的绉褶是靠最下面的平衡重宽度制约的,所以像衣服的褶一样比较美观。

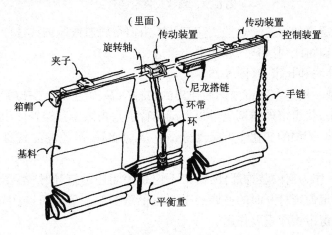

图 6-22 折叠式窗帘

4. 波纹形窗帘

波纹形窗帘的特点也同卷筒形和折叠形窗帘一样,是上下关闭的类型,通常用一种轻薄的丝绸织品制成,像宽绰的衣褶,使室内具有非常优雅的感觉。

5. 垂挂式窗帘

(1)垂挂式窗帘的形式　垂挂式窗帘比较适合于家庭卧室、起居室和宾馆的客房、餐厅等场所的装饰。对于这种形式的窗帘除了不同的类型选用不同的织物和式样以外,以前比较注重窗帘箱的设计。但现在已渐渐被无窗帘箱的套管式窗帘所替代,另外用垂挂式窗帘的窗帘缨束围形成的帷幕形式也成为一种装饰形式。

对于装饰要求比较高的场所,窗帘要考虑用双层双轨的形式,靠窗的一层用薄形的丝织品或尼龙镂花窗帘,目的在于既透光又遮挡视线;外层则用厚重的专用窗帘或镶边丝绒,目的在于遮光或显示风格(图6-23)。

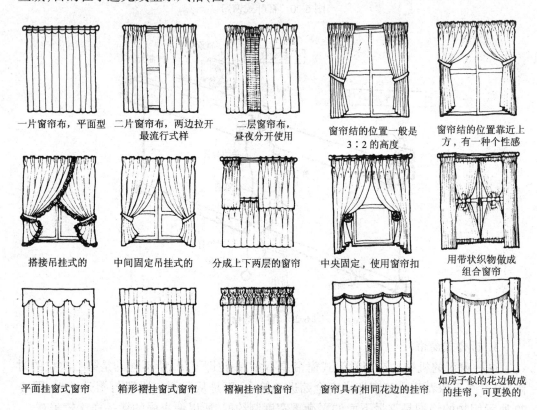

图 6-23　垂挂式窗帘的形式

(2)垂挂式窗帘的构造　垂挂式窗帘基本由窗帘轨道或装饰挂帘杆、窗帘箱或帘楣幔、窗帘、吊件、窗帘缨(扎帘带)和配重等组成(图6-24)。

1)帘头的挂法和扎帘带(图6-25)。

2)褶的类型　褶是在窗帘内侧面作出的一种阴影,给予面上一种深厚的感觉,反复的表现出明暗来,使窗帘的情调显得很丰富。特别是当风使其轻轻摇动时,它的表情更加多样化。此外,情调的变化令人感到舒适。从功能看,褶还能提高窗帘的隔声性、吸声性、隔热性等。

3)窗帘缨　作为窗的装饰部件,窗帘不论是关闭还是打开时,都要讲究其装饰性。窗帘缨,作为决定窗帘打开时的格调的东西是很重要的。重叠吊挂,中央固定的,穗挂等类型的窗帘,窗帘缨起重要作用。

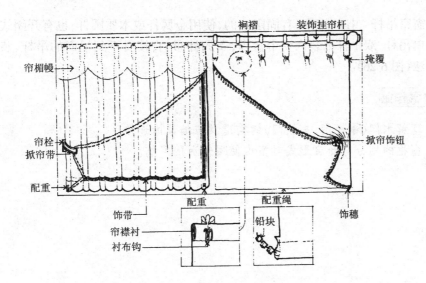

图 6-24　帘幕的基本结构

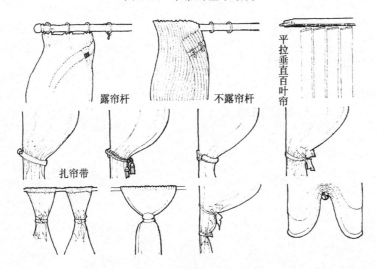

图 6-25　帘头的挂法和帘带扎法

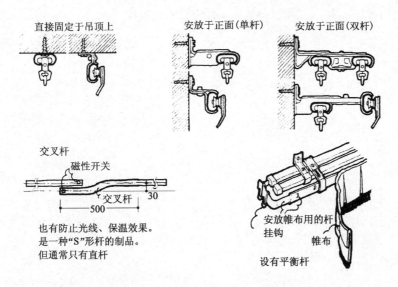

图 6-26　窗帘吊杆的安装方法

4) 窗帘吊杆　挂放窗帘,有固定式的,使用金属杆或木质圆杆;也有开闭式的,使用吊杆。单吊杆、双吊杆都装入窗帘盒内,安放帏布,直接看不到里面的吊杆,装饰漂亮。安装方法(图6-26)。

本章作业

1. 理解木门(镶板门、夹板门)的构造及与墙体的连接。
2. 窗框的划分与开启形式对室内使用情况的影响。

第七章 特种装饰构造

特种装饰构造是指不仅需要面层的覆盖式构造,还需要建构基层本身的一类装饰构造。

第一节 隔墙与隔断

⇨ **关键点**
- 隔墙与隔断在室内使用的普遍性
- 轻钢龙骨纸面石膏板隔墙
- 细部处理

对已建成的建筑物内部空间的进一步划分,是装饰工程的重要组成部分,使室内空间在满足使用功能的同时也符合人们的视觉和心理需求(文前彩图)。

隔墙和隔断的作用是分隔建筑物的内部空间,其特点是不承受任何外来荷载,而且其本身的重量由其他构件来承担,所以要求隔墙和隔断的自重轻、刚度好、墙身薄,在提高平面使用面积的同时,拆装方便,有利于建筑施工工业化。

隔墙与隔断的不同在于:隔墙要求具有隔声、防潮、防火、挂重物等性能,隔断主要起遮挡视线的作用,有的隔断还可以随意活动、灵活使用。

一、隔墙

隔墙按照构造方式不同分成三大类:砌块式隔墙、立筋式隔墙、板材式隔墙。

1. 砌块式隔墙

砌块式隔墙常用材料有普通黏土砖、多孔砖、玻璃砖等,在构造上与普通黏土砖的砌筑要点相似。其中黏土砖和多孔砖隔墙由于自重大、墙体厚、湿作业施工、拆装不方便等因素,在实际装修中的使用已越来越少;而玻璃砖(见文前彩图)在充当隔墙的同时,还具有采光和装饰的功能,因新颖独特的效果而被广泛使用(图7-1)。

2. 立筋式隔墙

立筋式隔墙具有重量轻、施工方便快捷的特点,是目前室内隔墙中普遍采用的方式。立筋式隔墙由两部分组成:一部分是龙骨骨架,包括上下槛(沿地龙骨、沿顶龙骨)、立柱(竖龙骨)、斜撑和横档,常用龙骨有木龙骨和金属龙骨;另一部分是嵌于骨架中间或贴于骨架两侧的罩面板,罩面板包括胶合板、纤维板、纸面石膏板、金属装饰板等。罩面板与骨架的固定方式可以归纳为三种:钉,粘,专门的卡具连接(图7-2)。

立筋式隔墙依据罩面板的材料不同而被分成多种形式,但安装构造却大同小异,下面介绍两个典型的例子以概括众多,目的是举一反三的理解立筋式隔墙的构造方式。

(1)木质隔墙(图7-3)　木质隔墙主要是指采用木龙骨和木质罩面板的隔墙,具有组装方便、造型灵活、取材容易等优点。其缺点是不利消防,在较大型或重要场所不宜采用木隔墙。

第七章 特种装饰构造

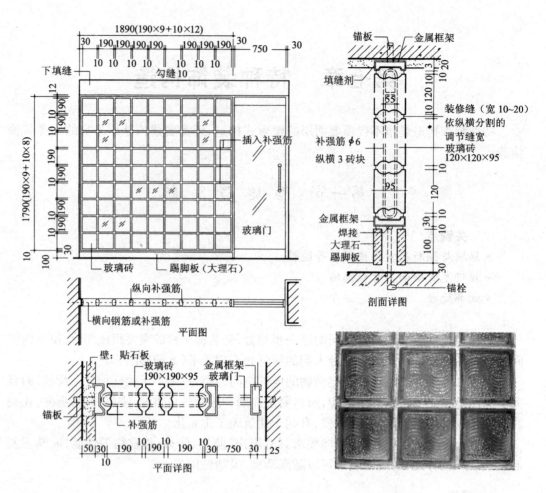

图 7-1 玻璃砖隔墙

木龙骨中,上下槛与立柱的断面多为 50mm×70mm 或 50mm×100mm,斜撑与横档的断面与立柱同或稍小。立柱的间距可取 400～600mm,具体依据罩面材料的规格而定。

安装顺序为:弹线→安装靠墙立筋→安装上下槛→安装其他立筋→安装横撑和斜撑。木龙骨的安装常使用木楔圆钉固定法,做法是先用冲击钻在墙、地、顶等面打孔,孔内打入木楔(潮湿地区或墙体易潮部位,木楔应做防腐处理),将龙骨与木楔用圆钉固定连接,用这种方法取代过去常常采用的预埋木砖的方法。对于较简易的隔墙木龙骨,也可使用高强水泥钉直接将龙骨钉牢,对于大木方组成的隔墙骨架则采用膨胀螺栓连接固定。

木质隔断的罩面板,应用较多的是胶合板、纤维板,常见的安装方式是粘或钉。以罩面板为基层,采用第一章中墙面装饰的方法可获得理想的装饰效果。

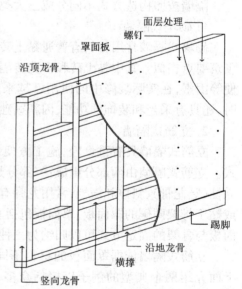

图 7-2 立筋式隔墙组成示意

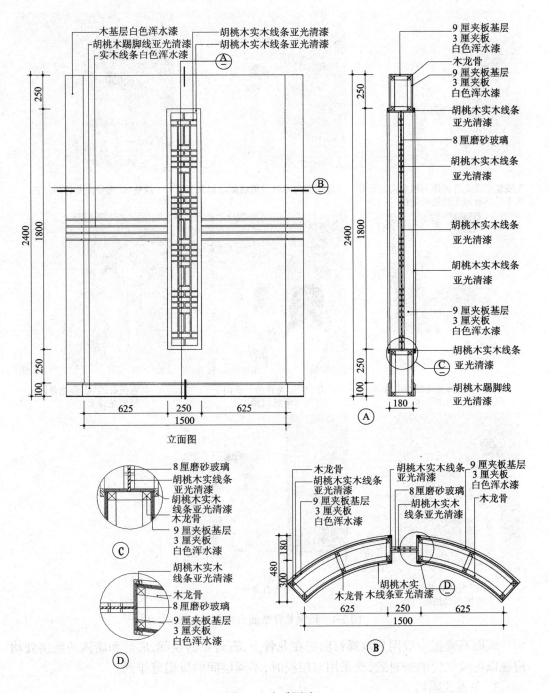

图 7-3 木质隔墙

(2)轻钢龙骨纸面石膏板(图 7-4) 轻钢龙骨纸面石膏板隔墙,是机械化施工程度高的一种干作业墙体,具有施工速度快、成本低、劳动强度小、装饰美观及防火、隔声性好等特点,因此是目前应用较为广泛的一种隔墙形式。

轻钢龙骨是以厚 0.5～1.5mm 的镀锌钢带冲压而成,龙骨上有预留孔洞,便于横撑穿入连接及管线的通过。常用有"C"形和"U"形两种断面形式,按使用功能分,有横龙骨、纵龙骨、贯通龙骨和加强龙骨等(图 7-5)。

在楼地面和顶棚下,用射钉将沿地沿顶龙骨固定,再固定墙柱面的竖向边龙骨,龙骨与四周接触面均应铺填密封胶,其余竖向龙骨的安装宽度依据罩面板宽度而定,一般 400～600mm 为宜,最后在适当位置安装贯通龙骨或横撑龙骨,龙骨间通常用抽芯铆钉固定。

先安装沿顶龙骨再用一根竖向龙骨和水平尺对沿地龙骨进行定位

安装竖向龙骨以形成隔墙框架

调整"C"形竖向龙骨的位置

将"U"形沿边龙骨翼缘剪开并向上弯折以加固门框

将"U"形龙骨剪开并向下弯折以形成门楣

将弯折好的"U"形龙骨固定在竖向龙骨上

在"C"形竖向龙骨内嵌入木质板条以加固门框

安装石膏板

图 7-4 轻钢龙骨纸面石膏板的安装

纸面石膏板一般用自攻螺钉固定在龙骨上,石膏板的顶部、底部和墙体的连接处均应施以连续均匀的密封胶,当采用双层板时,不同层间的应错缝排列。

3. 条板式隔墙

条板隔墙是指单板高度相当于房间的净高,面积较大且不依赖于龙骨骨架直接拼装而成的隔墙。常用的条板有玻纤增强水泥条板(GRC板),钢丝增强水泥条板,增强石膏板空心条板,轻骨料混凝土条板及各种各样的复合板(如蜂窝板、夹心板)。长度一般为 2200~4000mm,常用 2400~3000mm,宽度以 100 递增,常用 600mm,板厚 60、90、120mm,空心条板外壁不小于 15mm,肋厚不小于 20mm(图 7-6)。

轻质条板用做分户墙时,应配有钢筋或采用外挂钢丝网抹灰加强。

当墙体端部尺寸不足一块标准板宽度时,应按尺寸补板,补板宽度不宜小于 200mm。

墙体阴阳角处,条板与建筑结构结合处宜做防裂处理。

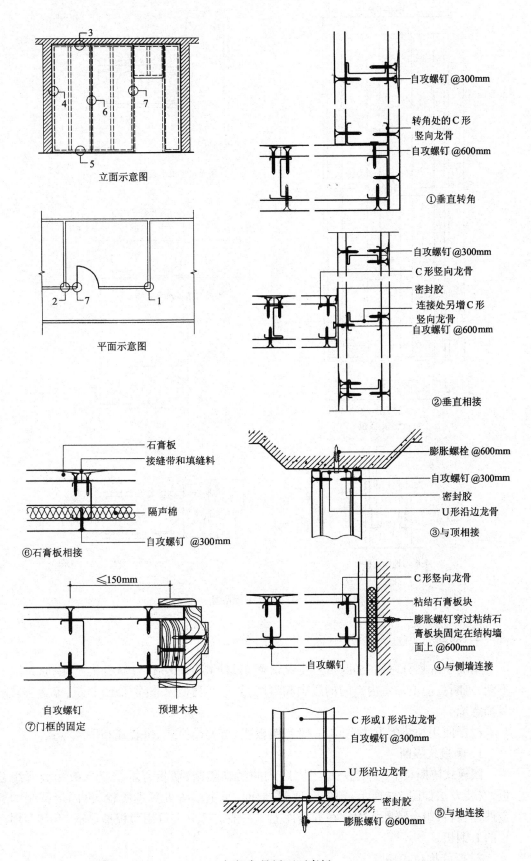

图 7-5 轻钢龙骨纸面石膏板

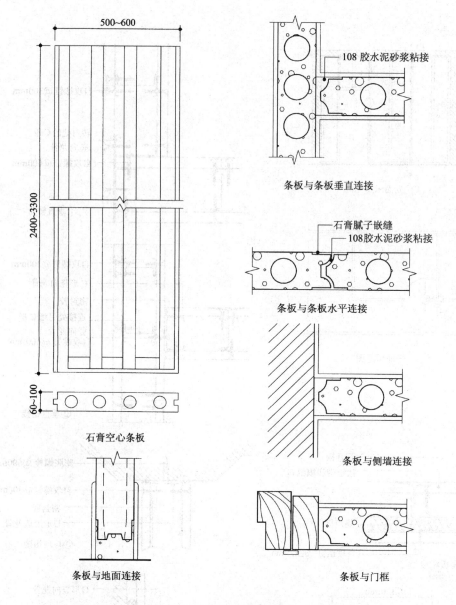

图 7-6 条板隔墙

二、隔断

用隔断来划分室内空间,可产生灵活而丰富的空间效果,与隔墙相比,隔断是隔而不断,隔断更能增加室内空间的层次和深度,创造一种似隔非隔、似断非断、虚虚实实的装饰意境。

根据使用和装配方法不同,一般有镶板式、折叠推拉式、拼装式和手风琴式。

1. 镶板式隔断

镶板式隔断(图 7-7)是一种半固定式的活动隔断,墙板有木质组合板和金属组合板,安装方法如图 7-7 所示,预先在顶棚、地面、承重墙等处预埋螺栓,再固定特制的五金件,然后将组合隔断板固定在五金件上。一般上部五金可用薄板槽形钢,下部多用钉孔的 L 钢板。

2. 折叠推拉式隔断

折叠推拉式隔断(图 7-8)通常适用于较大的房间或厅,装修时在顶棚上装置槽钢轨

第一节 隔墙与隔断

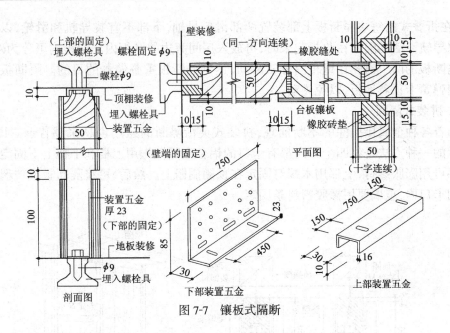

图 7-7 镶板式隔断

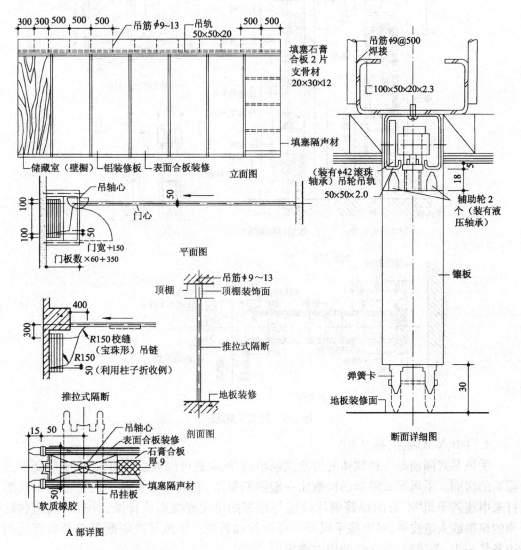

图 7-8 推拉式隔断详图

道,而在折叠式的每块隔断板上部装置两部滑轮吊轴,下部不宜装导轨和滑轮,以免垃圾堵塞导轨。活动隔断在收折起来时,可放入房间旁边的壁柜内。壁柜内可分为双轨,以便隔断板的两个滑轮在壁柜内分轨滑动,达到隔断板重叠储藏的目的。隔断板的下部可用弹簧卡顶着地板,以免晃动。

3. 拼装式隔断

随着各种金属接插件的不断涌现,拼装式灵活隔断的运用也越来越普遍。图7-9中所示的一种方法是将四个方向都有卡口的铝合金竖框先用上槛和下槛上下固定。一般下部可用膨胀螺钉,上部用木螺钉固定在顶棚搁栅上。然后,可将隔断板或玻璃插入铝框的卡口内,玻璃要用橡胶密封条固定。

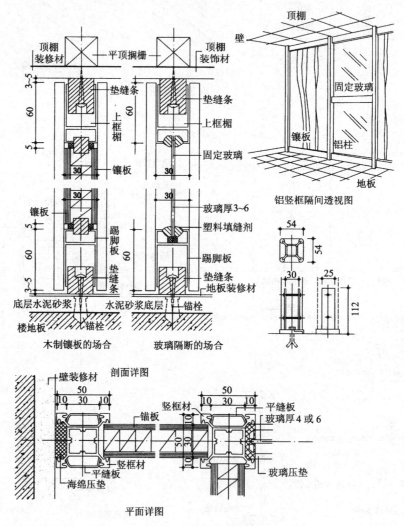

图7-9 拼装式隔断

4. 手风琴式隔断(图7-10)

手风琴式隔断是一种软体的折叠式隔断,它的轨道可以顺意弯曲,适用于层高不是很高的房间。手风琴式隔断的构造比一般隔断复杂,它的每一折叠单元是由一根长螺杆来串连若干组"X"形的弹簧钢片铰链与相邻的单元连接形成骨架,骨架的两边包软质的织物或人造皮革,可以像手风琴一样拉伸和折叠。手风琴式隔断是在开口部的两边各装一半,关闭时,在交合处用磁铁吸引。

手风琴式隔断一般用双滑轮吊在顶棚轨道上,下面也可装滑轮,如果开口部较大,地面上也应做轨道。

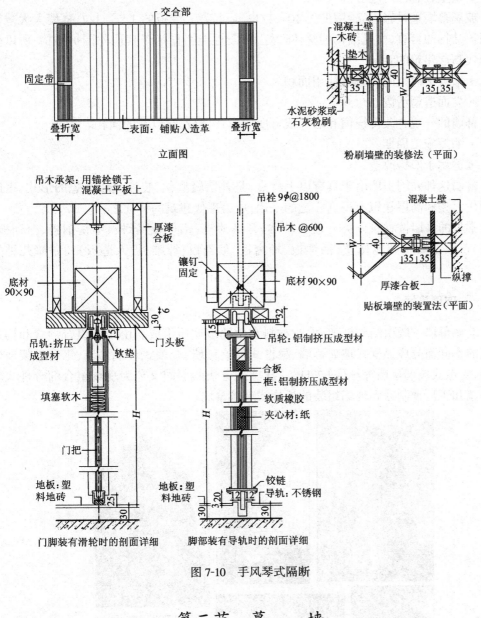

图 7-10　手风琴式隔断

第二节　幕　墙

⇨ **关键点**
- 幕墙与传统墙的异同
- 玻璃幕墙
- 细部处理

　　幕墙是将外墙和窗户合二为一的建筑外围护墙的一种形式。幕墙一般不承重,形似挂幕,又称为悬挂墙。由玻璃、石材、金属和轻质材料组成的饰面层,通过金属骨架、连接件与主体建筑物连接,其内表面根据需要还有轻质材料组成的保温、防火及隔声层。自 20 世纪初使用以来,随着材料、结构和技术的不断发展而得到不断完善,形成自身的一套完整体系。

幕墙具有以下特点：

- 重量轻、抗震性能好。

玻璃幕墙重量轻，是砖墙的1/10～1/12，是混凝土墙板的1/5～1/7，幕墙大大减轻了围护结构的自重，而且结构的整体性好，抗震性能明显优于其他外围护结构，所以受到现代高层建筑的青睐。

- 增大室内空间和有效使用面积。
- 立面造型活泼。

幕墙的外观一改传统窗和墙界线分明的形式，给建筑以新的面孔。

- 缩短施工周期。
- 适用于旧房改造。

幕墙这种外围护墙由于具有以上特点，是外墙轻型化、装配化较理想的形式，因此在现代大型和高层建筑上得到广泛的采用，成为现代建筑的特征之一。

常见的幕墙按材料分类有玻璃幕墙、金属薄板（铝单板、彩板、不锈钢板、搪瓷板）幕墙、石板幕墙及其他材质（铝塑板、蜂窝板、陶瓷板、纤维板、人造板）的幕墙几种类型。

一、玻璃幕墙

玻璃幕墙一般由结构框架、填衬材料和幕墙玻璃所组成。由于其组合形式和构造方式的不同而分成显框式玻璃幕墙、隐框式玻璃幕墙、全玻式玻璃幕墙、钢管骨架玻璃幕墙、支点式玻璃幕墙等等（图7-11）。从施工方法的不同又分为现场组合的分件式玻璃幕墙和工厂预制后到现场组装的板块式玻璃幕墙。

图7-11 不同形式的玻璃幕墙

1. 显框式玻璃幕墙

（1）分件式玻璃幕墙的构造　分件式玻璃幕墙（图7-12）是在施工现场将金属框架、玻璃、填充层和内衬墙以一定顺序进行组装。玻璃幕墙通过金属框架把自重和风荷载传递给主体结构，可以通过竖梃也可以通过横挡。目前主要采用竖梃方式，因为横挡的跨度不能太大，否则结构立柱数量要增加。竖梃一般支搁在楼板上，布置比较灵活。

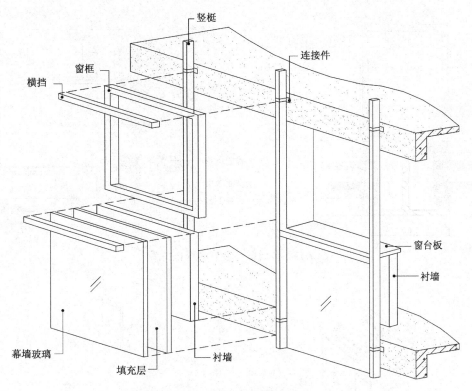

图 7-12　分件式玻璃幕墙示意

1) 金属框料的断面和连接方式　金属框料有铝合金、铜合金及不锈钢型材。现在大多采用铝合金型材,特点是质轻、易加工、价格便宜。铝型材有空腹和实腹两种,通常采用空腹型材,主要是节省材料,刚度好。横档和竖梃由于使用功能不同,其断面形状也不同,主要根据受力状况、连接方式、玻璃安装固定的位置和凝结水及雨水排除等因素来确定。图 7-13 中所示为使用最广泛的显框系列玻璃幕墙型材和玻璃组装形式。竖梃通过连接件与建筑主体结构的预埋铁件相接固定在楼板上,连接件的设计和安装要考虑竖梃能在上下左右前后三个方向均可调节移动,所以连接件上的所有螺栓孔都设计成椭圆形的长孔。图 7-14 是几种不同的连接件示例。连接件可以置于楼板的上表面、侧面和下表面,一般情况是安置于楼板的上表面,由于操作方便,故采用较多。需要强调说明的为:由于要考虑型材的热胀冷缩,每根竖梃不得长于建筑的层高,且每根竖梃只能固定在上层楼板上,上下层竖梃之间通过一个内衬套管连接,每根竖梃之间还必须留出 15~20mm 的伸缩缝,并用密封胶堵严。而竖梃与横档之间通过角铝铸件连接。图 7-15 中表示出竖梃与竖梃、竖梃与横档、竖梃与楼板的连接关系。

2) 玻璃的选择与镶嵌　玻璃幕墙的玻璃是主要的建筑外围护材料,应该选择热工性能良好、抗冲击能力强的安全玻璃,通常有钢化玻璃、夹层玻璃、夹丝玻璃和中空玻璃等。

• 钢化玻璃　钢化玻璃经特殊热处理后提高了玻璃的机械强度和热稳定性,当遭到破坏时,由破裂点瞬间扩散至整块玻璃,全部破裂成蜂窝状小颗粒。

• 夹层玻璃　在两片或多片玻璃之间(普通玻璃或钢化玻璃)夹入透明或彩色的 PVB 胶片,经高温高压粘合而成的复合玻璃。其特点是玻璃破裂后,碎片仍然粘接在夹层的胶片上,最大限度的减少危险。夹层玻璃具有普通玻璃的透光性和耐久性,又能弥补普通玻璃的脆性,而且具有耐火、耐热、耐湿、耐寒等特点。不足之处是重量大、造价高。

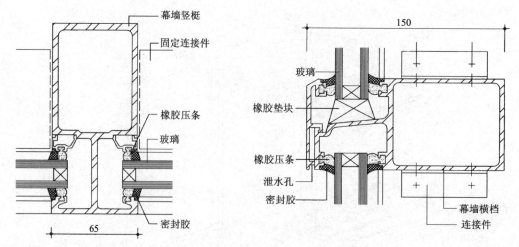

图 7-13　金属框与玻璃的组合关系

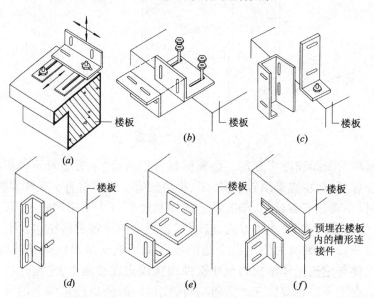

图 7-14　玻璃幕墙连接件示例

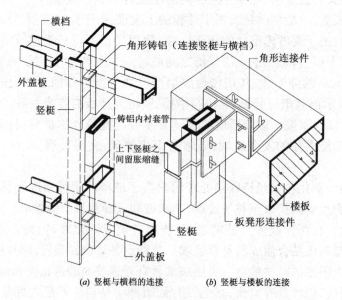

(a) 竖梃与横档的连接　　(b) 竖梃与楼板的连接

图 7-15　幕墙铝框连接构造

- **夹丝玻璃** 夹丝玻璃是一种将预处理的金属网嵌入其内层的玻璃。具有一定的抗穿透性能,破碎时玻璃碎片均附在金属网上,有破而不缺、缺而不裂的优点,并且有优良的防火性能。
- **中空玻璃** 中空玻璃是由两片或多片玻璃的合成,然后与边框通过焊接、胶结或熔接密封而成。玻璃之间相隔 6～12mm,形成干燥空气层或充以惰性气体以达到隔热与保温效果。这是单层玻璃所不能比拟的。

玻璃镶嵌在金属框上必须要考虑能保证接缝处的防水密闭、玻璃的热胀冷缩问题。要解决这些问题,通常在玻璃与金属框接触的部位设置密封条、密封衬垫和定位垫块(图 7-16)。

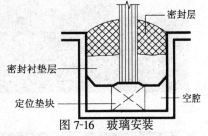

图 7-16 玻璃安装

密封胶现在通常使用硅酮密封胶,由于要长时期的暴露于大气之中,因此材料本身应具有优良的耐水性和耐候性,且有低温时弹性好、高温时不流淌,耐污染和低透气率等特点。目前密封胶主要是橡胶制品。密封胶有现注式和成型式两种,现注式接缝严密、密封性好,采用较广,而且是今后的主要发展方向。

密封衬垫是在现浇密封条前安置的,目的是给现注式密封条定位,使密封条不至于注满整个金属框内。密封衬垫一般采用富有弹性的聚氯乙烯条。

定位垫块是安置在金属框内支撑玻璃的,使玻璃与金属框之间具有一定的间隙,调节玻璃的热胀冷缩,同时垫块两边形成了空腔,空腔可防止挤入缝内的雨水因毛细现象进入室内(图 7-17)。

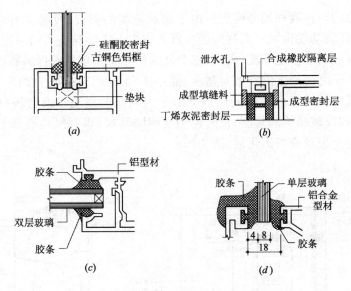

图 7-17 玻璃与铝框的连接示例

3)立面线型的划分 玻璃幕墙立面线型划分指金属竖梃和横档组成的框格形状和大小的确定。

建筑师往往注重从建筑的立面造型、尺度、比例及室内装修效果等诸方面因素来划分线型,而实际玻璃幕墙立面线型的划分还要考虑由于墙面受到的风荷载大小会直接影响金属框料的规格和排列间距的选择。窗的形状及使用方便也是考虑因素之一(图 7-18)。

图 7-18 玻璃幕墙立面划分

4)玻璃幕墙的内衬墙和细部构造 由于建筑造型的需要,玻璃幕墙通常都设计成整片的,这就给建筑功能带来一系列问题。首先室内不需要这么大的采光面,而且没有必要的遮拦从外面看进去也不雅;其次,整个外围护墙全是玻璃对保温隔热不利;另外,幕墙与楼板和柱子之间产生的空隙对防火、隔声不利。所以,在做室内装修时,必须在室内上下部位做内衬墙。内衬墙的构造类似于内隔墙的做法。窗台板以下部位先立筋,中间填充矿棉或玻璃棉隔热层,再附铝箔反射隔气层,再封纸面石膏板。也可以直接砌筑加气混凝土板或成型碳化板(图 7-19a)。

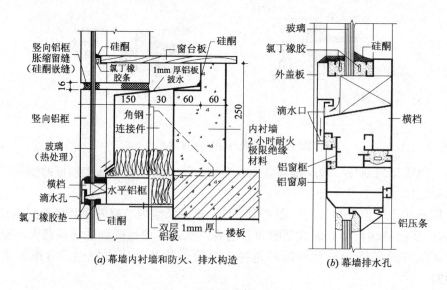

(a)幕墙内衬墙和防火、排水构造　　(b)幕墙排水孔

图 7-19 玻璃幕墙细部构造

分件式玻璃幕墙的横档端面往往比竖档复杂,主要问题在于通过密封条少量渗漏进框内的雨水必须要及时排除,因此通常将横档中隔做成向外倾斜,并留有泄水口和滴水口(图7-19b)。

(2)板块式玻璃幕墙

1)单元板块式玻璃幕墙(图7-20) 板块式玻璃幕墙是在工厂将玻璃、铝框、保温隔热材料组装成一块块幕墙定型单元,有平面的(如北京长城饭店),有折角的(如上海希尔顿大酒店)。送到现场可直接安装在建筑物的主体结构外侧,这样既可以保证组装质量又可以减少现场的工作量、加快施工速度。每个单元由多块玻璃组成,每个单元一般

图7-20 板块式玻璃幕墙示意

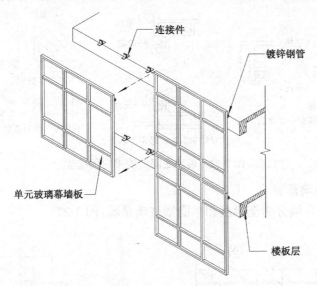

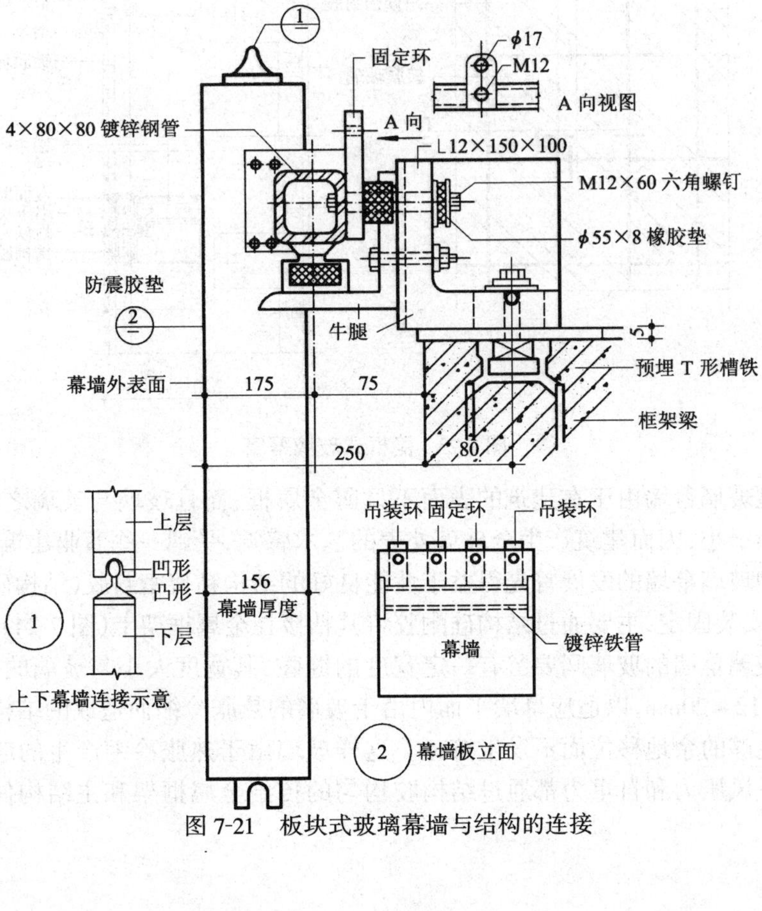

图7-21 板块式玻璃幕墙与结构的连接

宽度为一个开间,高度为一个层高。故立面划分也比较简单,设计的重点应放在单元线型上。特别要注意的是,为了施工时便于墙板与楼板、墙板与墙板的连接安装,上下墙板的横缝要高于楼板 200～300mm,左右两块墙板的垂直缝也宜与框架柱错开(图 7-21)。

2)板块式玻璃幕墙的安装与接缝　为了起到防震和适应结构变形的作用,幕墙与主体结构的连接应考虑柔性连接。图 7-21 表示幕墙板与框架梁的连接详图。先在幕墙板上安装一根镀锌钢管,幕墙板再通过钢管与楼板上的角钢连接。为了防止震动,连接处均应垫上防震胶垫,而幕墙板之间相连接必须留有一定的变形缝隙,空隙之间用"V"形和"W"形胶条封闭(图 7-22)。

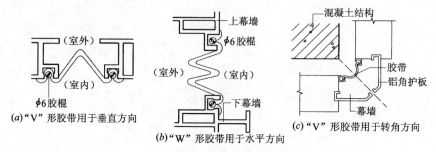

图 7-22　幕墙之间的胶带封闭构造

2. 隐框式玻璃幕墙

隐框式玻璃幕墙分为全隐型和半隐型玻璃幕墙(图 7-23)。

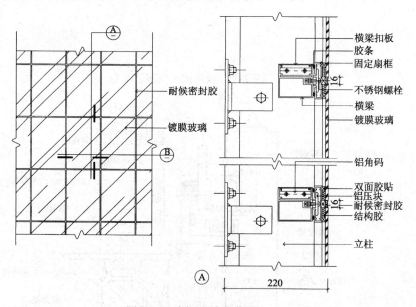

图 7-23　隐框式玻璃幕墙

全隐型玻璃幕墙由于在建筑的表面不显露金属框,而且玻璃与玻璃之间结合部位尺寸也相当窄小,因而建筑产生全玻璃外表的艺术感觉,受到一些商业建筑的青睐。

全隐型玻璃幕墙的发展首先得益于性能良好的结构粘接密封胶(结构硅酮胶)的出现,玻璃的安装固定,主要通过结构硅酮胶将其粘接在金属框架上(图 7-24)。

隐框玻璃幕墙的玻璃间要留有一定宽度的缝隙,其宽度大小与玻璃的平面尺寸有关,一般为 12～20mm,以适应幕墙平面内由于玻璃的热胀冷缩而造成的结构胶的变形,使玻璃有足够的余地移位而不发生挤碰。这样玻璃由于热胀冷缩产生的应力、玻璃面所受的水平风压力和自重力都通过结构胶均匀的传给金属框架和主结构件,安全性得到了加强。

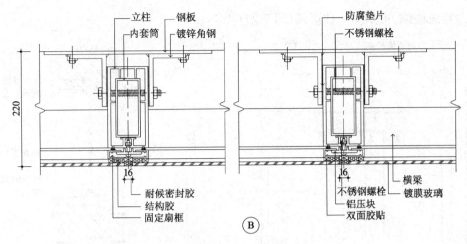

图 7-24 隐框式玻璃幕墙节点

半隐框玻璃幕墙是建筑物根据立面需要,将金属骨架中水平或垂直其中一个方向使用隐框,另一个方向使用隐框结构,利用结构硅酮胶为玻璃相对的两边提供结构的支持力,另外的两边用框料和金属扣件进行固定(图 7-25)。这种体系看上去有一个方向的金属条,不如全隐型玻璃幕墙简洁,但安全性比较高。

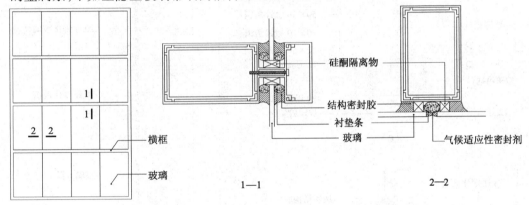

图 7-25 半隐框式玻璃幕墙构造

玻璃幕墙是靠光和影来体现其装饰魅力的。一些类型的玻璃(如热反射镀膜玻璃)在成就玻璃幕墙特殊艺术效果的同时,也带来一些使用上的不利。例如,光污染。玻璃幕墙的光污染是指由于玻璃对光的反射,给驾车司机、路上行人、附近居民带来的视觉干扰和热辐射,所以在进行玻璃幕墙设计及选材时应予以注意。

3. 全玻式玻璃幕墙

全玻式玻璃幕墙是指在视线范围内不出现金属框料,形成在某一范围内幅面比较大的无遮挡透明墙面,为了增强透明玻璃墙面的刚度,必须每隔一定距离用条形玻璃作为加强肋板,称为肋玻璃(图 7-26、图 7-27)。

全玻式玻璃幕墙一般选用比较厚的钢化玻璃和夹层钢化玻璃。选用的单片玻璃的面积和厚度,主要应满足最大风压情况下的使用要求。

全玻式玻璃幕墙因支撑方式不同,在构造上分为座地式和悬挂式两种(图 7-28)

(1)座地式全玻幕墙一般适用于高度不超过 4.5m 的墙面。构造要解决的关键部位是下部的支撑点、两侧的端部及顶部需设置不锈钢压型凹槽、玻璃肋和立面玻璃之间的安装。不锈钢凹槽内设氯丁橡胶垫块定位,缝隙用泡沫橡胶填实后再用结构硅酮胶封口;玻璃肋与立面玻璃之间用结构硅酮胶粘接(图 7-27),也可通过不锈钢爪件连接,转角处为避免碰撞,可采用立柱形式(图 7-29)。

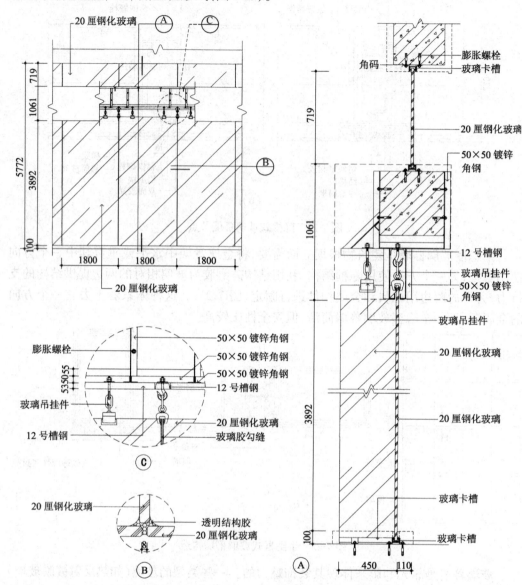

图 7-26 全玻式玻璃幕墙

(2)高度在 4.5m 上的全玻式幕墙必须采用吊挂式,最高可达 12m。因玻璃高度高、面积大、重量重,要使结构受力合理,需要钢结构支架将其吊挂。

4. 点支式玻璃幕墙(图 7-30)

点支式玻璃幕墙是近几年开始使用的一种幕墙形式。它是由玻璃面板、支撑结构、连接支撑构件等组成,人们透过玻璃可以清晰的看到支撑玻璃的整个钢结构系统,使幕墙的骨架体系由单纯的支撑作用改为支撑和体现结构美学的双重作用。

5. 钢管骨架玻璃幕墙

这种幕墙体系的特点是整个幕墙均采用钢管或不锈钢钢管作骨架,它既可以成为建筑钢结构的一部分,也可以单独用作玻璃幕墙的骨架。钢管骨架幕墙体系其立柱和横梁的外观细巧,设计独特、多样化的钢管断面形式具有抗弯、抗扭曲、有弹性、能吸收张力等特点。用钢管作为玻璃幕墙的骨架,可以使得现代钢结构建筑的创意设计和钢结构技术、建筑外观与室内空间的造型进行完美的结合,同时也成功的展现了现代建筑的轻盈、坚固、经济、完美的形象和特征。

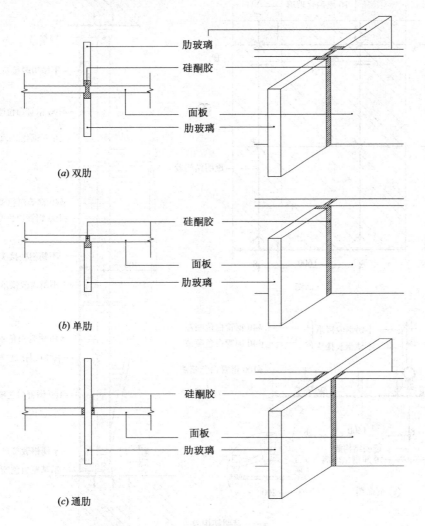

图 7-27 玻璃肋的形式

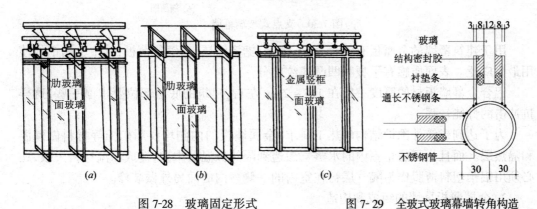

图 7-28 玻璃固定形式　　图 7-29 全玻式玻璃幕墙转角构造

二、金属薄板幕墙

金属薄板幕墙类似于玻璃幕墙,它是由工厂定制的折边金属薄板作为外围护墙面,与窗一起组合成幕墙,形成的金属墙面,有其独特的现代艺术感。

1. 金属薄板材料

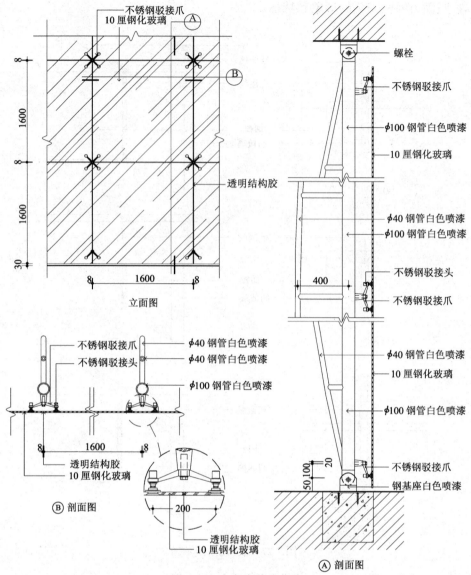

图 7-30 支点式玻璃幕墙

用于建筑幕墙的金属板有铝合金、不锈钢、搪瓷涂层钢、铜等薄板,其中金属铝板使用最为广泛。表面质感有平板和凹凸花纹之分。

铝合金幕墙板材的厚度一般在 1.5~2mm 左右,建筑的底层部位要求厚一些,这样抗冲击的性能较强。

为了达到建筑外围护结构的热工要求,金属墙板的内侧均要用矿棉等材料做保温和隔热层。而且为了防止室内的水蒸气渗透到隔热保温层中去,造成保温材料失效,还必须用铝箔塑料薄膜作为隔气层衬在室内的一侧。内墙面另外做装修。

2. 金属薄板幕墙的组成和构造

金属薄板幕墙有两种体系,一种是幕墙附在钢筋混凝土墙体上的附着型金属薄板幕墙;另一种是自成骨架体系的构架型金属薄板幕墙。

(1)附着型金属薄板幕墙

附着型金属薄板幕墙的特点是幕墙体系纯粹是作为外墙饰面而依附在钢筋混凝土墙体上(图 7-31),混凝土墙面基层用螺栓锁紧锚栓来连接"L"形角钢,再根据金属板的尺寸,将轻钢型材焊接在"L"形角钢上。而金属薄板则见图所示,在板与板之间用"∩"

形压条把板边固定在轻钢型材上,最后在压条上再用防水填缝橡胶填充。

窗框和窗内木质板也是由工厂加工后在现场装配的,外窗框和金属板之间的缝也必须用防水密封胶填充。

(2)构架型金属薄板幕墙

构架型金属薄板幕墙基本类似于隐框式玻璃幕墙的构造特点,它是将抗风受力骨架固定在楼板梁或结构柱上,然后再将轻钢型材固定在受力骨架上。板的固定方式同附着型金属板幕墙一样。

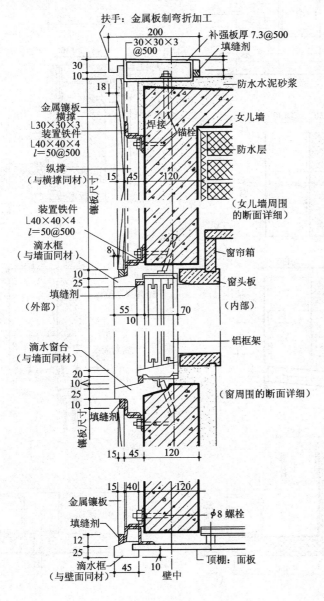

图 7-31 附着型金属薄板幕墙

三、夹芯墙体外墙装饰板

夹芯墙体外墙装饰板可用于各类建筑外墙装饰。夹芯墙体外墙装饰板面材常用涂层铝卷、薄钢板、不锈钢和钛合金等,芯材为矿棉板或聚苯乙烯泡沫板等。墙体厚度的选择主要取决于建筑物的保温、隔热要求,另外也要考虑墙板本身的长度、芯材与强度,面积较大的墙板厚度不宜太小,一般要用 50mm 厚墙板。外墙板可依据需要加工成各种异形。夹芯墙体外墙装饰板保温隔热性能良好,适用于对隔热性能要求较高的建筑。墙板固定采用隐形安装,可调整安装误差,吸收墙板温度变化(图 7-32)。

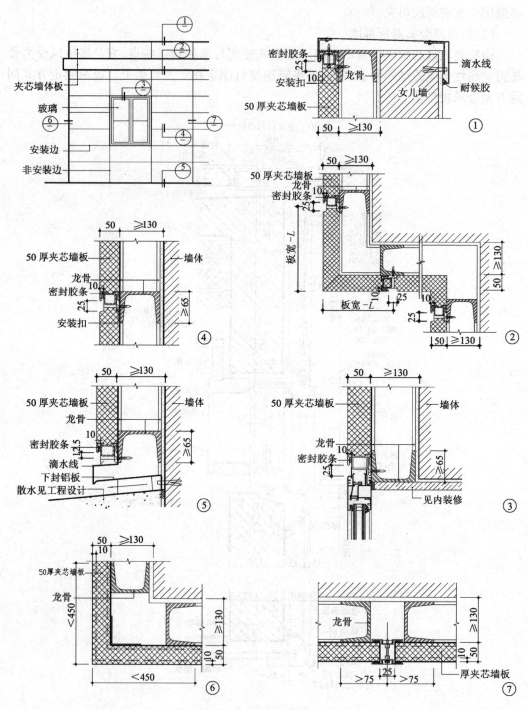

图 7-32 夹芯墙体外墙装饰板

第三节 雨　篷

⇨ **关键点**
- 雨篷的装饰性及功能性
- 雨篷设计与构造的关系

• 细部处理

雨篷作为建筑室内外的过渡空间,是建筑不可缺少的部分,对建筑而言它不但具有标志性的诱导作用,同时也是建筑规模及空间文化理性精神的体现。雨篷的形式依据建筑风格及使用需求呈现多种多样的外观,但常见的结构主要是以下几种:钢筋混凝土,钢结构,玻璃采光,软面折叠等(图 7-33)。

图 7-33　雨篷的形式

钢筋混凝土雨篷的构造做法是用钢筋混凝土进行浇筑,它具有结构牢固、造型厚重有力、坚固、不受风雨影响等特点(图 7-34)。雨篷在外饰面抹灰时,应在篷顶、檐口、滴水等部位预留流水坡度,以便泛水。

钢结构悬挑雨篷由雨篷支撑系统、雨篷骨架系统、雨篷板面系统三部分组成,它具有结构与造型简洁轻巧的特点,并富有现代感,施工便捷、灵活。支撑系统有的用钢柱支撑,有的与原有的混凝土柱相连接,还有的是悬拉结构(图 7-35)。

玻璃采光雨篷,用阳光板、钢化玻璃作采光雨篷材料。采光雨篷具有结构轻巧、造型美观、透明新颖的特点。在土建时按照设计要求,预埋好固定钢结构用的预埋件。透光材料安装的结构有两种形式。

(1)不需要硅胶密封,设有渗水槽,安全不漏水,美观且安装方便。

(2)采用定型加工型材做盖板,硅胶密封,这种结构需要用定制型材,施工技术容易掌握。

在玻璃雨篷施工时,要采用压力均衡原理以防风、防雨,在施工时,注意留有 10°~15°坡度的流水面,在周围设计流水槽和排水孔,以便排除集结水。

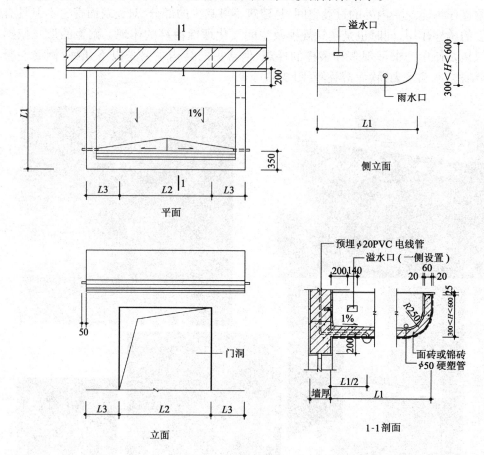

图 7-34 钢筋混凝土雨篷

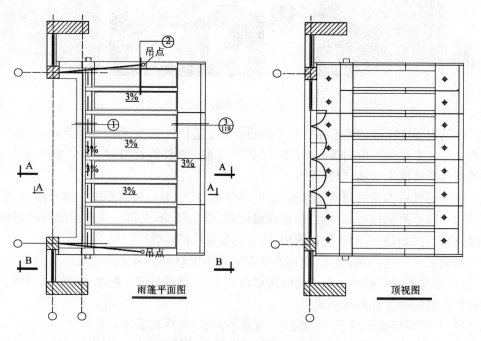

图 7-35 钢结构雨篷(一)

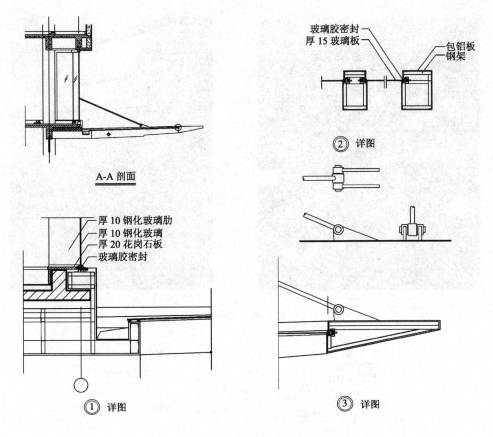

图 7-35 钢结构雨篷(二)

第四节 玻璃采光顶

⇨ **关键点**
- 玻璃采光灯的作用
- 如何处理玻璃采光顶的凝结水
- 玻璃采光顶的材料

玻璃采光顶即玻璃屋顶,是建筑中不可缺少的采光和装饰并重的一种屋盖。它的出现最初是以满足室内采光为目的,大多是垂直的高侧窗如"锯齿"形天窗或"M"形天窗。后来,随着建筑形式的多样化,建筑材料和建筑技术的不断发展,玻璃采光顶在满足采光的同时,营造出丰富多彩的室内气氛(图 7-36)。

一、玻璃采光顶的形式

玻璃采光顶的形式决定着屋顶的结构形式,所以我们要先了解屋顶的结构形式。屋顶结构形式一般分为钢筋混凝土结构和钢结构两类(图 7-37)。

钢筋混凝土井格梁可以形成单个的采光天窗,井格梁的大小尺寸应根据采光井的设计和结构需要做统一考虑;钢筋混凝土密肋梁可以形成带状的采光天窗;配合采光天窗的设计,钢筋混凝土具有结构简单、合理等特点。

屋顶采用钢结构形式,采光天窗的形式可以按照使用要求灵活布置,即可以适应做单个采光天窗,也能设计成各种造型和面积较大的采光屋顶,以满足建筑的使用功能。

图 7-36 采光顶

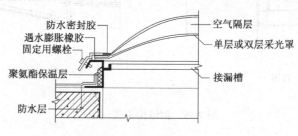

采光窗安装节点

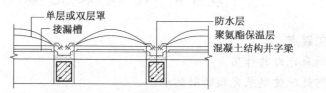

采光窗与混凝土结构安装节点

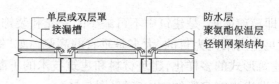

采光窗与轻钢网架结构安装节点

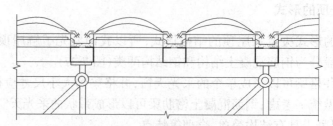

采光窗与球形网架结构安装节点

图 7-37 采光顶

当屋顶采用空间网架结构时,整个屋顶可以做成采光玻璃顶,但同时要在构造设计上解决好屋面的排水和网架的防腐和防火问题。

二、玻璃采光顶的凝结水问题

玻璃采光顶的最大问题是保温隔热性能差,如果室内外温差大,随之出现的问题是容易产生冷凝水的滴落,要解决这个问题常见的三种办法:首先是可以考虑采用双层玻璃,改善保温隔热的性能;其次是做好玻璃采光顶的坡度和弧度设计,并组织好完善的排水系统(图7-38);或者在玻璃下面的墙体上留通风缝或孔,让外面的冷空气渗入室内,以便减小室内外温差,这样在玻璃下面就难以形成凝结水,而且可以改善室内的空气质量,但要损失一些能源。

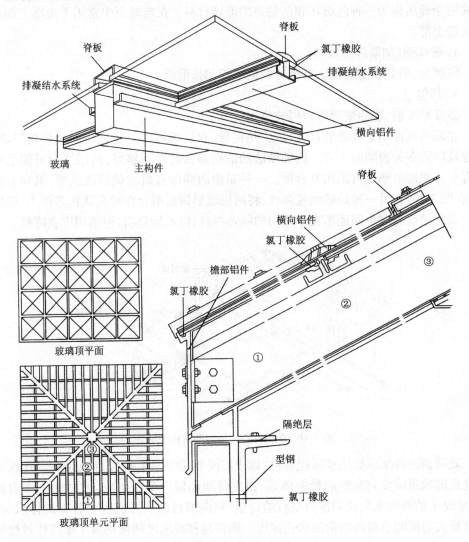

图 7-38 大型玻璃顶及排水系统

三、玻璃采光顶的材料

玻璃顶要求有良好的抗冲击力、保温隔热和防水密封性能。各国规范对玻璃采光顶材料的选用有限制,主要是怕碎落伤人。

1. 夹层安全玻璃

夹层安全玻璃是将两片或两片以上的平板玻璃,用聚乙烯塑料粘合在一起制成。

其强度胜过旧式玻璃顶常用的夹丝玻璃,而且被击碎后能借中间塑料层的粘合作用,仅产生辐射状裂纹,不致脱落。有净白和茶色等品种,透光系数为28%~55%,有良好的吸热性。

2. 丙烯酸酯有机玻璃

丙烯酸酯有机玻璃是在战时作为制造军用飞机座舱的材料而发展起来的。可以采用热成型和压延工艺,适合预制成穹型和方锥单元形,再加以拼装成复合型的各种玻璃,具有平板玻璃所没有的刚度。早期的丙烯酸有机玻璃是净白的,现在有乳白色和高密度的有机玻璃,有利于消除眩光;染色的和反色的有机玻璃适合于控制太阳热传入。

3. 聚碳酸酯有机玻璃

聚碳酸酯有机玻璃是坚韧的热塑性塑料,具有很高的抗冲击强度和高软化温度,广泛的用于商店作为一种防破坏和防偷盗的玻璃材料。在玻璃顶中常用于走廊上部和人行天桥上部。

4. 玻璃钢(加筋纤维玻璃)

强度大、明亮和耐磨损。有半透明的平板和弧形板。

5. 其他

如反射玻璃、吸热玻璃等双层玻璃顶。

北部地区常用双层玻璃顶,以减少热传导,双层顶可由上述任何两种材料组成,第二层玻璃装在天窗架的下方。这种做法的缺点是密封性不够好,两层之间可能会形成冷凝水。双层玻璃也可采用复合板。一种是由丙烯酸有机玻璃挤压成型,纵向有肋和孔洞(图7-39)。另一种是玻璃复合板,将两层玻璃钢板溶合在蜂窝状铝芯板上,强度很高。双层玻璃有时中间还填充半透明的隔热材料,以增加热阻,但透明度会降低。

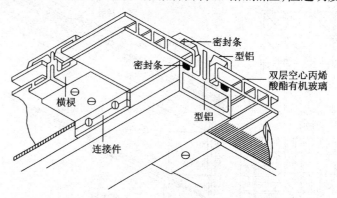

图7-39 双层空心丙烯酸酯有机玻璃顶

玻璃顶的骨架多数用挤压铝型材,做成不同形式的标准单元,预制装配。比较大的复合式玻璃顶需要有完整的骨架体系,由主骨架和横向型材组成,型材的下部由排水沟,玻璃上的凝结水先流到横向型材的沟里,横向型材的水再流入主骨架的排水沟中,最后导入边框的总槽沟内由泄水孔排出。铝型材和玻璃之间使用氯丁橡胶作衬垫密封材料。

本章作业

1. 用轻钢龙骨纸面石膏板进行隔墙设计,墙上开门。绘制立面、纵横剖面、节点详图。

2. 设计某餐馆活动隔断,考虑装饰性、灵活性、易于收藏。

第八章 案例

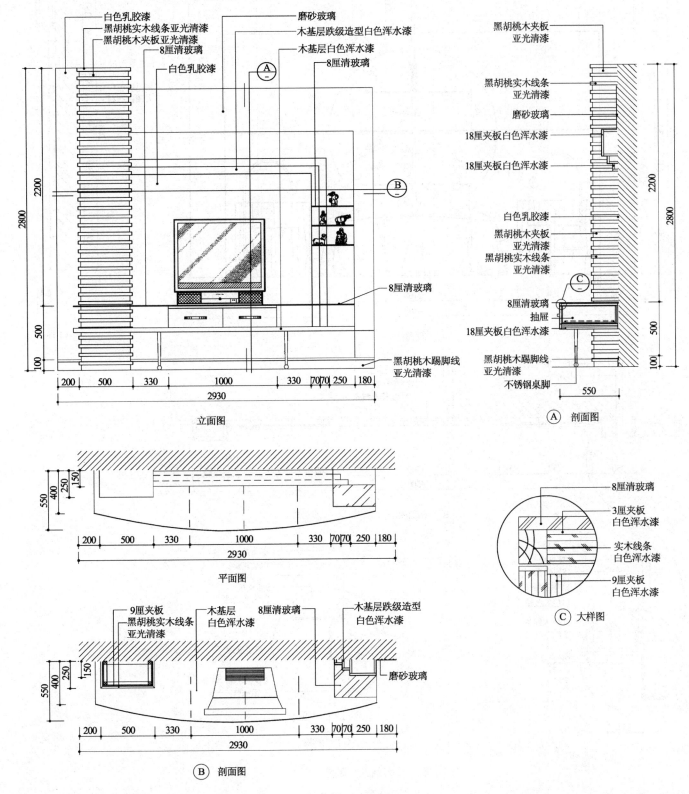

案例一 客厅

第八章 案 例

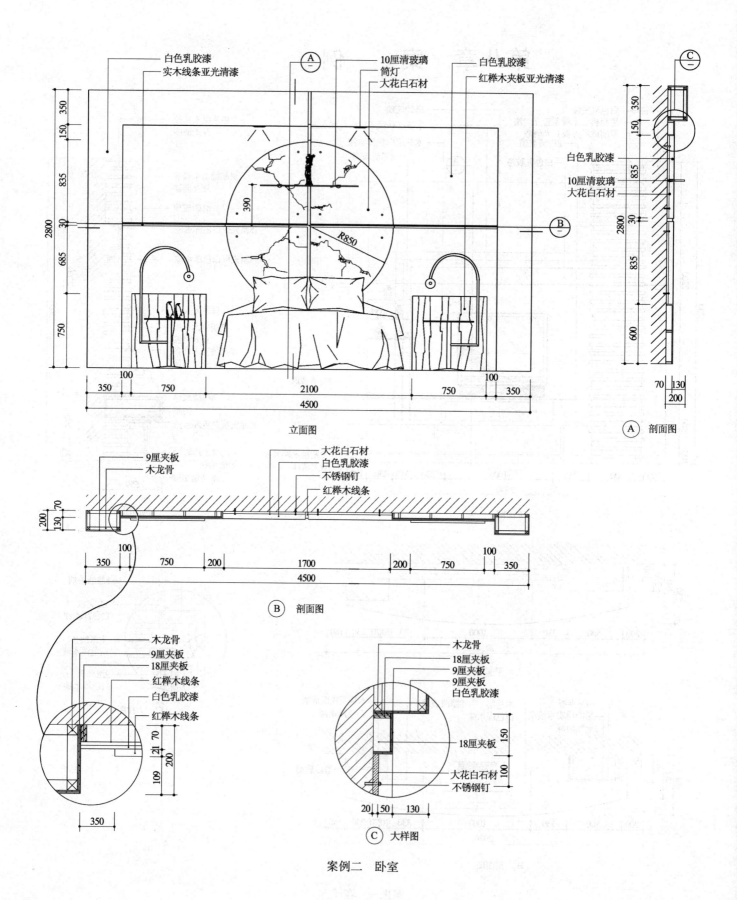

案例二 卧室

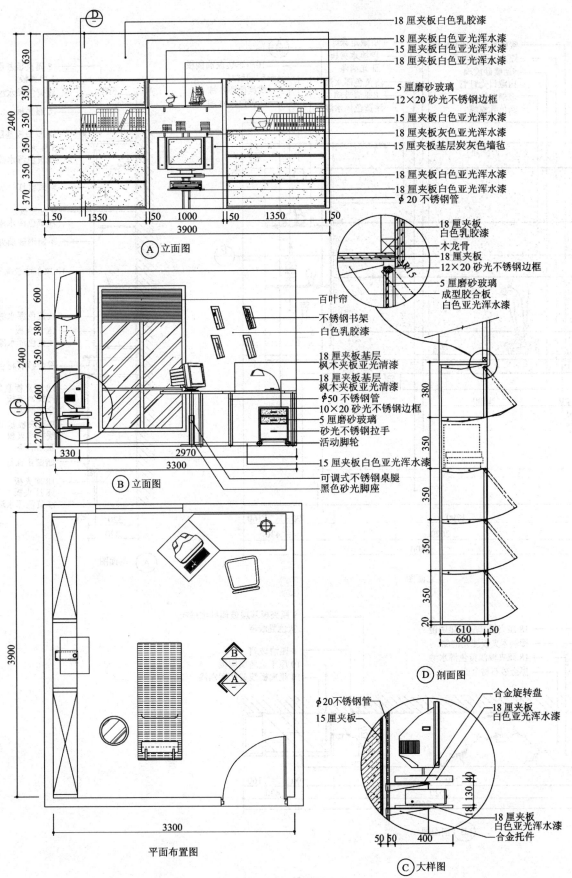

案例三　书房

第八章 案例

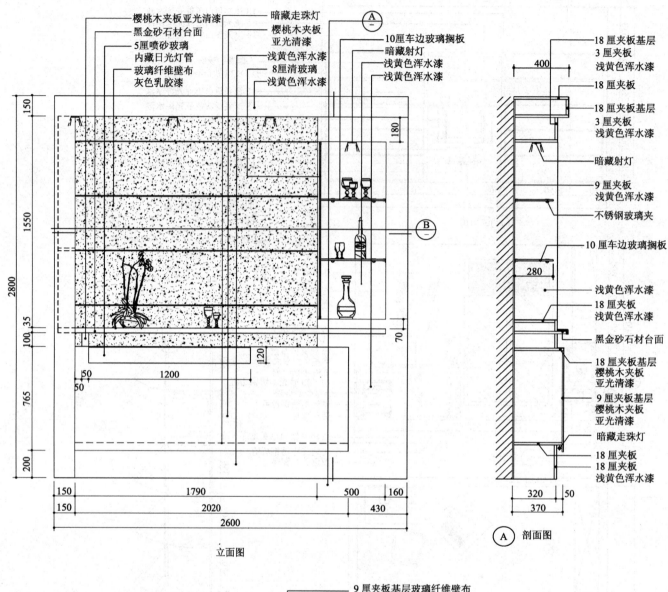

立面图

A 剖面图

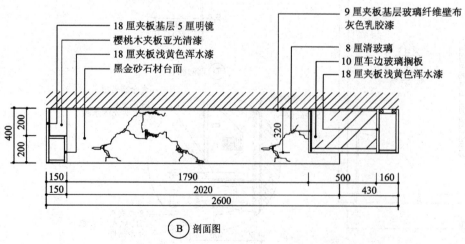

B 剖面图

案例四 餐厅

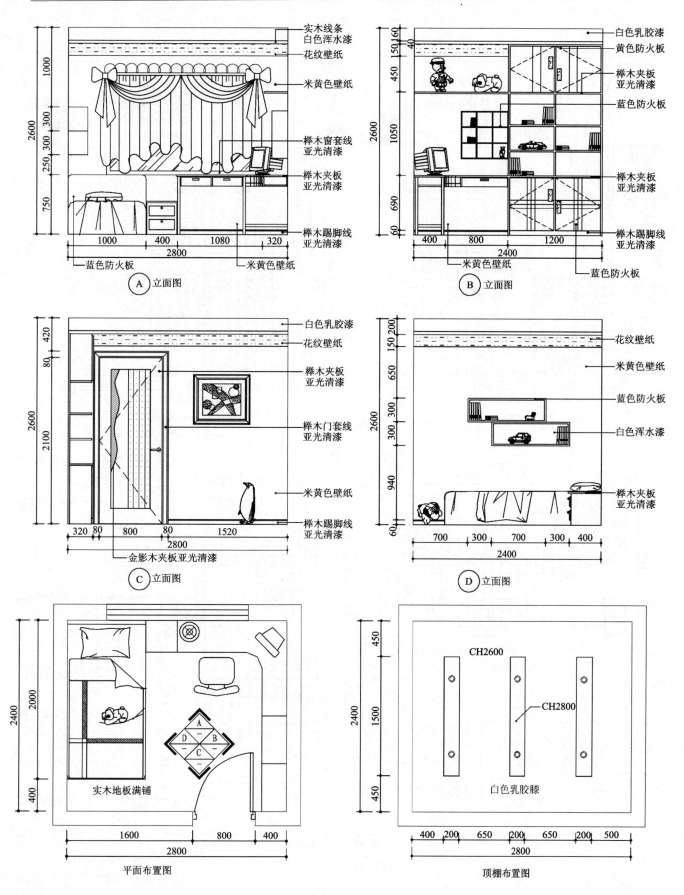

案例五 儿童房

第八章 案 例

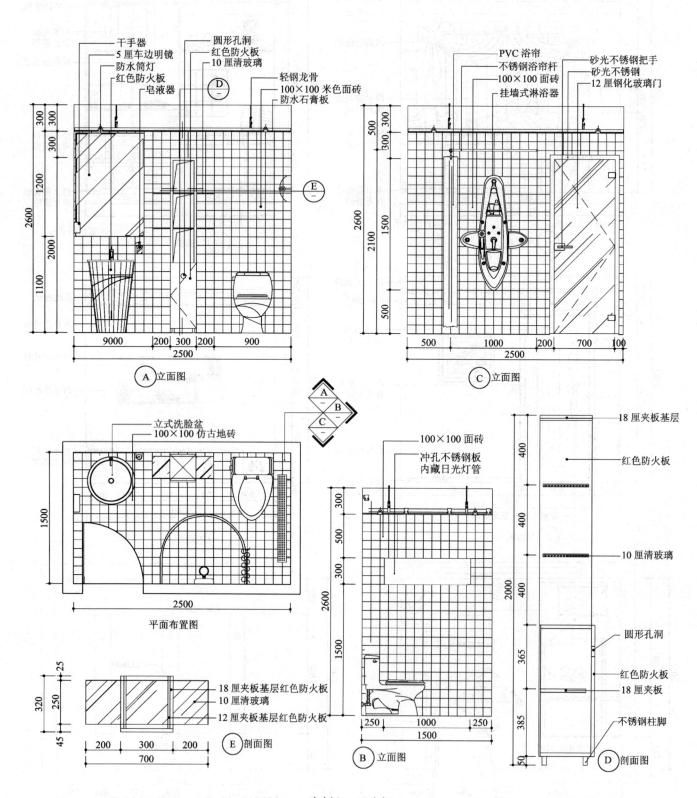

案例六 卫生间

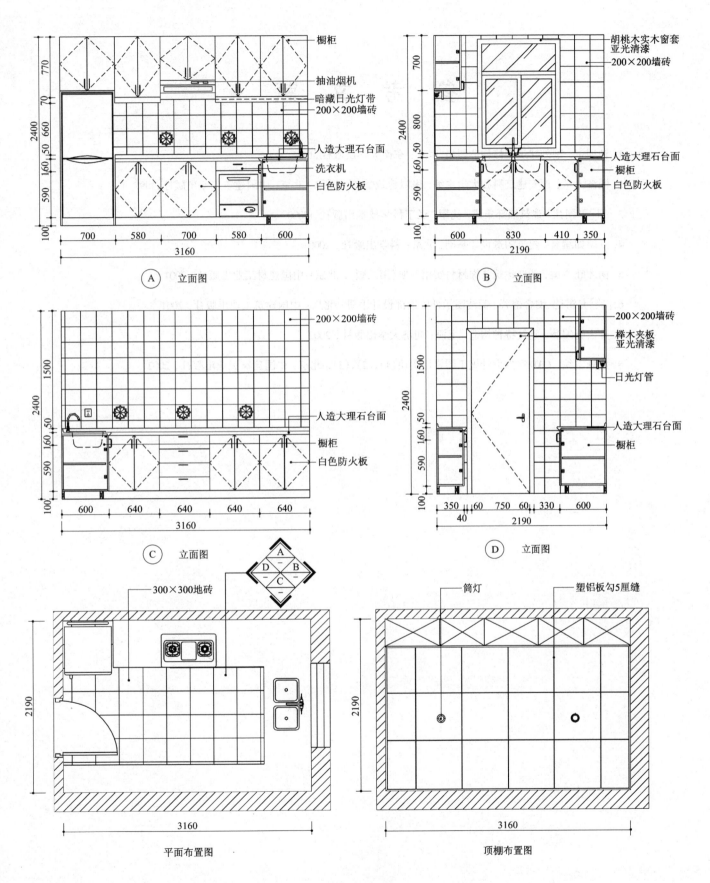

案例七 厨房

参 考 文 献

1. 钟训正. 国外建筑装修构造图集. 南京：东南大学出版社, 1994

2. 同济大学, 西安建筑科技大学主编. 房屋建筑学(第三版). 北京：中国建筑工业出版社, 1997

3. [日]彰国社. 建筑细部集成. 沈阳：辽宁科学技术出版社, 2000

4. 刘昭如编著. 建筑构造设计基础. 北京：科学出版社, 2000

5. 向才旺主编. 新型建筑装饰材料实用手册(第二版). 北京：中国建材工业出版社, 2001

6. [美]弗雷德·纳希德著. 简洁图示外墙细部设计手册. 北京：中国建筑工业出版社, 2001

7. 颜宏亮编著. 建筑特种构造. 上海：同济大学出版社, 2002

8. 武峰主编. CAD室内设计施工图常用图块(1),(2),(3). 北京：中国建筑工业出版社, 2002